新潮文庫

人間はどこまで動物か

日高敏隆著

新潮社版

8079

目　次

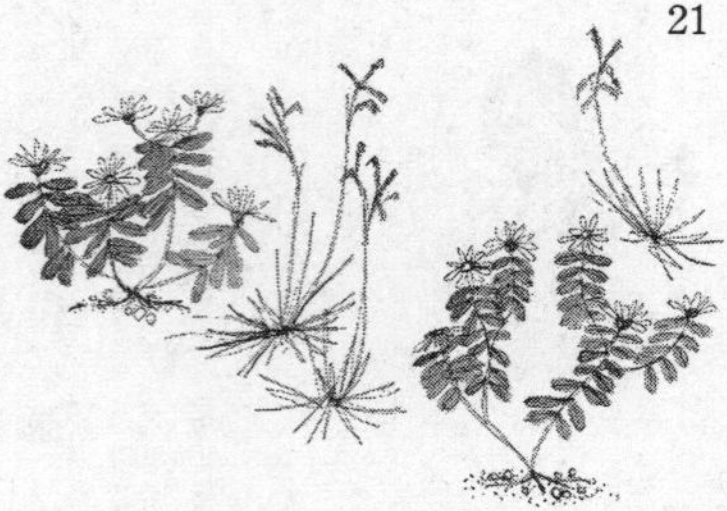

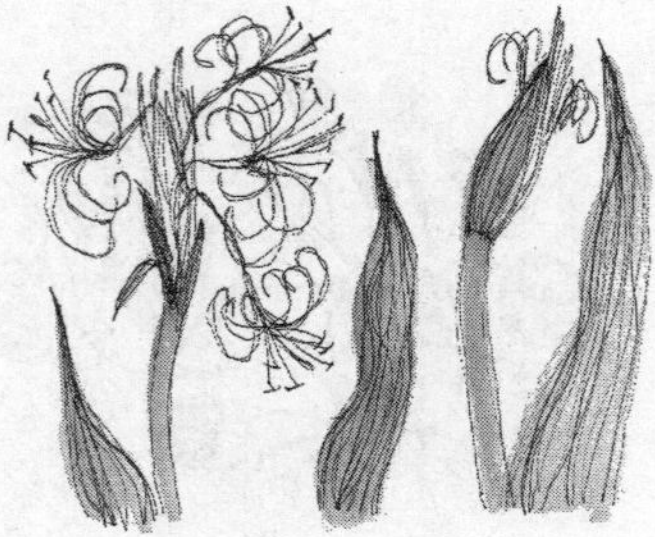

人間はどこまで動物か

町の音

もう半月近くも前になるだろうか。珍しく風邪をひいて、止《や》むなく二日ほど家で休むことになってしまった。熱っぽい体でうとうとしていたら、ふと妙なことを思いだした。

それはぼくがまだ小学生のはじめのころ、同じように学校を休んで寝ていたときに、聞くというのでもなく耳に入ってきた町の音のことであった。

その日はどんよりと曇った冬の日であったと思う。曇った日には音が雲に反響するので、外からいろいろな音が聞こえてくる。

もう風邪も治りかけていたが、起きることを禁じられていたぼくは、しかたなく床に臥《ふ》せっていた。

どこかで家の普請《ふしん》でもしているのだろうか。木槌《きづち》の音がときどき聞こえてくる。聞こえてくるというよりは、もともとは木と木の打ち合う固いはずの音が、曇った空に反響して、何ともいえないゆったりしたひびきとなり、それがじわーっと広がっていくという感じである。

その合間に、ときどき犬の声がする。どこの犬がどうして鳴いているのか知らないが、これも空に反響してどこからともなく響いてくる。鳴いている犬はかなり切羽つまった状況にあるのだろうが、とてもそんなふうには聞こえない。

そのうちに木槌の音もしなくなった。そして犬の声も止んでしまった。しばらくして今度は、何か重たいものを積み下ろすような音。

そんな音がしてくるのを、ぼくはぼんやりと聞きながら、いつのまにかまたうとうとと眠ってしまうのであった。

そのころぼくは、東京・渋谷の若木町というところに住んでいた。そこは山手線の渋谷と恵比寿《えびす》のまん中あたり。山手線の内側にあたる高台だった。高台だったから、よけい町の音が聞こえてきたのかも知れない。

冬が終わって春になると、風に乗って遠くの音も聞こえてきた。今も耳に残っているのは、恵比寿駅のガードを渡る電車の音である。渋谷からきた電車はがががん、ががんとガードを渡り、キ、キーというブレーキの音とともに、恵比寿駅に停る。反対に、恵比寿駅を出た電車は、走り出しのゆっくりしたスピードでガードを渡りはじめるので、まったくちがう音がする。そんな音が暖かい春の風に乗って聞こえてくると、ぼくはしみじみ春だなあと思った。音は騒音ではなく、むしろ快いものであった。そんな日には家の普請の音や犬の声は聞こえてこなかった。そのかわりに、チチピー、チチピーと鳴く小鳥の声がした。

ぼくは家の中にいながら、町を感じることができた。町からはもっといろいろな音も聞こえてきた。今のように車はなかったから、車の音はほとんどない。高速道路の騒音もない。聞こえるのは、自転車のブレーキの音。夜、何かの集まりの帰りだろうか。珍しくがやがやと人声がして、それが遠ざかっていく。午後はどこかで遊んでいる子どもたちの声。ごく稀《まれ》に、夜、重いトラックの走る鈍い音もした。ぼくはそれを聞くと、当時恐れられていた流行性脳炎にかかった「眠り病」の子たちが、夜中にこっそり多数集められて、トラックで病院に運ばれていく姿を想像して、いい知れぬ恐怖を感じた。なぜそんなことを想像したのか、ぼくは今でもわからない。

とにかくこれは、建築家ルドフスキーの描く中世の町に近いものであったと思う。中世の町は道を歩く人の足音が聞こえていたと、ルドフスキーはいう。そしてそれによって、城砦《じょうさい》のような中世の町は、人々がみなつながり合い、町は町として生きていたのだという。

いつごろから、そしてどうしてだか知らないが、今の町はすっかり変わってしまった。

町で聞こえるのは騒音ばかりであると人はいう。たしかにそうかも知れない。のんびりした木槌の音など、まず聞こえてくることはない。人の歩く足音も車の音に消されてしまう。けたたましく響くのはパトカーと救急車と消防車のサイレンだけ。チチピーと鳴いていた小鳥もほとんどいなくなり、カラスの声だけがする。町に鳥はいるけれども、そして昔はいなかった外国産の鳥もふえたけれども、どういうわけかそれらの鳥たちは、あまり心和むような声で鳴いてくれない。町からは音が消えてしまったようである。

けれどぼくはふと気にかかる。はたして音は「消えて」しまったのであろうか？　むしろわれわれが「消して」しまったのではなかろうか、と。

たしかに日本経済の発展に伴って、騒音もはげしくなった。飛行機はジェット化され、新幹線は走り、高速道路は張りめぐらされ、それらすべてが騒音を発するようになった。

人々は「音」に敏感になった。空港は町からはるか離れた場所に移され、飛行機の発着回数も発着時間も制限された。新幹線は速度を規制され、防音装置もふやされた。

高速道路は音を外に流さぬ壁でおおわれ、外の景色も見えぬ走路となった。それはちょうど、川をコンクリートの護岸で仕切って、ただの水路にしていったのと同じであった。

騒音を防ぐというのはよかったけれど、それは敏感を通りこして過敏にまで進んでしまったようである。犬の声もネコの声もピアノの音も、すべて「騒音」と感じられるようになった。そして音へのこの過敏さは、他のものへも波及していった。秋になって落葉する木は、町をよごすとして嫌われるようになった。実をつける木も追いだされ、実もつけず、葉も落とさぬ、ビニール製とあまり変わらぬ木が「緑」として植えられていった。その一つの結果が、春を告げる小鳥たちの消滅だったかも知れない。

しかし動物としての人間は、端的にいってこういうことに不満を感じる。中世の町に戻ることはできないにしても、人々は町でのコミュニケーションを求めている。そこで多くの町は、コミュニケーション通りやコミュニケーション広場を作りはじめた。そしてそこで音楽ライブをやるようになった。

小鳥の声を復活するために、大都市の駅では小鳥の声をテープで流しはじめた。大きな駅の雑踏の中に、カッコウの声がする。およそ不自然な人工である。

人工ではない町の音は、はたして復活するのだろうか？

琵琶湖《びわこ》の風

われわれの大学は滋賀県彦根《ひこね》の琵琶湖畔にある。ただし湖畔といっても、残念ながら琵琶湖に直接面しているわけではない。湖との間には彦根市八坂《はっさか》の町がある。

琵琶湖の風はきつい。滋賀県の中央部にほぼ南北に伸びて広がる琵琶湖の、東西にいちばん幅広いあたりの東岸に彦根はある。風は湖西の今津のほうから、湖を渡って吹いてくる。

対岸の今津側には、いわゆる国境《くにざかい》の山々が南北に連なっている。冬になるとこの山々は雪におおわれて、晴れた日にはその南の比良《ひら》の高嶺《たかね》とともに、この上もなく美しい。

その向こうは福井県を経て日本海だ。こういう地形と気圧配置のせいであろう、風はほとんど西側から湖面を渡って吹いてくる。

冷たい日本海から雪の山を越えて吹いてきて、広い湖の上を渡ってくるのだから、この風は当然冷たい。そして遮るものもなしに吹いてくる風はきつい。

大学のキャンパスには、環境科学、工学、人間文化という三つの学部が、三つの集落のように離れて建てられている（編集部注・二〇〇三年四月に人間看護学部が開設された）。それぞれの集落をなすいくつかの建物はいずれも三階建て。近江《おうみ》の八幡瓦《はちまんがわら》でふいた三角屋根である。八坂の町との調和を考えての設計だった。

これはたいへんよかったのだが、問題はこれら三つの学部の間、そしてセンター部分にある共通講義棟や食堂などとの間の連絡だった。キャンパスが広いから、距離も長い。そして日によってはキャンパスを風が吹き抜ける。屋根つきの渡り廊下もあるが、きつい風で雨も雪も横から降る。

一九九五年の開学当初、われわれはかなり当惑した。その年の一一月に催された最初の大学祭。学生たちは「湖風祭《こふうさい》」という名をつけた。琵琶湖からの風がよほど印象深かったのだろう。

まだ一年生だけで五〇〇人しか学生のいない大学祭は、今思えばずいぶん淋《さび》しいものだった。そして風も。湖風祭と名づけられた以上、吹かねばならぬと思ったのか、いつにもまして、きつい、そして寒い風がびゅうびゅうと吹いて、学生も先生も事務方も、震えあがらんばかりだった。

幸いにして、その後は風もわかってくれたのか、大学祭の日はおだやかな晴天のことが多くなった。学生の数も、当然ながら年ごとに五〇〇人近くずつ増えてきて、今はもう二〇〇〇人である。四年間経《た》つ間に、風との共生ができあがったようだ。

とはいえ琵琶湖からの風は、日によっては容赦なく吹く。それに応じて琵琶湖の様相も変わる。

よく晴れて風もない日、琵琶湖は波ひとつなく、ほとんど鏡のように広がり、西岸の山々が美しく望める。通称「軍艦島」と呼ばれる小島、多景島《たけしま》の姿も、少し沖のほうに親しげにみえる。

けれどひとたび風がでると、湖面は荒々しい様相となる。沖からは白い歯をした波が次々とやってきて、湖岸には高さ一メートルもあろうかという大波が打ち寄せる。まるで海である。波のしぶきは道路を濡《ぬ》らし、車にかかる。

つい二月の末にもそんな日があった。大学の交流センター公開講演会で、「大人のこころ、子どものこころ」というおもしろい話をして下さった河合隼雄《かわいはやお》先生は、帰り道の車内からこういう波を見て、「こんな琵琶湖を見るのははじめてだ」とおっしゃったとか。

同乗していた人の話では、その先の河合先生の質問が傑作だった。「ここは琵琶湖の東岸でしょう？　東岸には西から波がきて、東向きに打ち寄せる。でも向こう岸の湖西では、波はやっぱり岸に打つのだろうから、東から西向きに打ち寄せるんですよね。そうすると、湖のまん中では、波が東と西に分かれることになりますね。ほんとにそうなっているんですか？」

もちろんだれもそれには答えられなかったし、ぼくもそんなことは考えたこともなかった。そのときふと思い出したのは、かつて京大での学位審査会のときのことである。ある地球物理学の大学院生の学位論文の内容紹介で指導教授が冒頭でこう言った

——「風が吹くと水面になぜ波が立つかはまだわかっていない問題なのでありますが……」。ぼくはこれを聞いて仰天した。

とにかくふしぎなことに、ここ琵琶湖の東側の湖畔では、風はほとんどいつも西からくる。東から西へ吹くということはごく稀《まれ》なのである。そういう東風はたいていは暖かい。少なくとも湖を渡ってくる風のように冷たくはないし、きつくもない。地形というのはおもしろいものである。

大都市ではいわゆるビル風というのが話題になる。けれどビル風はべつに大都会だけにおこる現象ではない。風、もっと一般的にいえば空気の動き、に共通した性質である。われわれの大学の中でもその種の風がおこっている。

大学の入り口にあるバス停から、長いスロープを登って講義棟のまん中の広場へ歩

いていくのが大学への進入路なのだが、広場への入り口は建物の中を抜けるようになっている。ここが「風の道」になってしまうのだ。

風がまったくない、おだやかな日でも、ここだけは風が吹いている。夏にはそれは心地よいが、秋になったらもう寒い。風の強い日には、風の集中的な攻撃を受ける。けれどそこをそれこそ一歩越えて広場の芝生に出てしまえば、とたんに風はぐっと弱まるのだ。

学内にはこういう場所がいくつかある。風があまりに強くて、どうしても進めない場所もあった。そこには厚いガラスの防壁をある角度で設置して、やっとこの「難所」をなくすことができた。

いずれにせよ、米原《まいばら》、関が原は雪の多い所である。東海道新幹線がおくれるのも、いつもここだ。それはこのあたりが寒いからではない。風の道のせいなのだ。北陸からくる風は、湖北から米原、関が原を通って名古屋の西側へ抜ける。その風が雪をもってくるのである。

冬、彦根の湖岸に立って眺めると、南のほうは晴れているのに、湖北の山は雲におおわれている。それを見るたびにぼくは、どんなに文明が進んでも、地形というものの力は変わらないのだなと、つくづく思ってしまうのである。

ギフチョウ・カタクリ・カンアオイ

温帯地方ならどこの土地でも、春は蝶《ちょう》の季節である。寒い冬をじっと越してきたサナギから、次々に蝶がかえってくる。

温帯でも冬がそれほど寒くない、日本なら本州、四国、九州といったところでは、秋に蝶になっていて、それがそのまま冬を越すものもいる。冬の間、どこかにじっと身を潜めていたこういう蝶たちも、春になると待ちかねたように春の日の中に飛びだしてくる。こうして春が蝶の季節になるのである。

春の蝶は数えあげたらきりがない。日本の温帯地域には一〇〇種類をこえる蝶がいるが、その中で、とくに名をあげて話題にされる蝶がいる。それはギフチョウである。ちょうどサクラの花もさかりのころ、ギフチョウはあまり人もいかない山すそのあたりに姿をあらわす。

ある理由から、ギフチョウの数はあまり多くない。一面にギフチョウが乱舞するということはないのだ。だから人目にはほとんどとまることもなかった。

ギフチョウのあらわれるころ、そのあたりには可憐《かれん》なカタクリの花が咲く。かつてはその球根からデンプン（片栗粉《かたくりこ》）をとったともいわれるユリ科植物のこの草は、ギフチョウの好みそうな場所に生える。そしてこれまたある理由から、ときには山すそのあちこちに群生する。

そのある理由というのは、植物生態学の河野昭一先生の研究によれば、次のようなことである。カタクリの美しい花には、春先の昆虫がたくさんやってくる。ギフチョウもその一つだ。そしてこれらの昆虫によって授粉されて種子ができる。

カタクリの種子には、種子本体にくっついた特殊な部分がある。この部分はある種の特別な脂肪酸を大量に含んでいて、「油小体」という意味でエライオゾームと呼ばれている。

エライオゾームは種子本体の栄養になるわけでもないし、種子の発芽を助けるわけでもない。けれど、植物の種子を集めて巣に貯《た》めこみ、食物にしているようなアリたちは、このエライオゾームが大好物だ。エライオゾームのついたカタクリの種子をみつけると、アリたちはさっそくそれをくわえて、巣に持ち帰る。

けれどこのアリたちはエライオゾームを食べたいのであって、種子そのものには関心がない。カタクリの種子を持ち帰ったアリは、巣の入り口でエライオゾームを切り離し、種子本体は巣の近くに捨てて、エライオゾームだけを巣の中に運びこむ。

春の終わり、カタクリの種子の熟するころには、こうしてたくさんのアリたちがカタクリの種子を巣に運んで、巣のまわりに捨てていく。

やがてこのカタクリの種子たちは発芽する。アリたちが集めてくれたおかげで、たくさんの芽が生え、まわりの草との競争に勝って、みんなすくすく育っていく。少し密度が高すぎたら、カタクリの芽どうしの間で競争がおこり、強い芽が生き残る。こうしてそこに、アリたちの意図とは関係なく、カタクリの群生ができあがるのである。

カタクリはこのようにして群生することもあるが、ギフチョウの数はそれほど多くはない。前に述べたとおり、それもある理由からである。

その理由とは、カタクリの場合より単純である。ギフチョウの幼虫が食物としているカンアオイという草が、もともとたくさん生える植物ではないからだ。

カンアオイもまた、好みの強い、変わった植物だ。日光を好むので、深い森の中には生えられない。けれどあまり強い日光は嫌うので、開けた草地にも生えられない。

結局のところカンアオイは、若い、まだあまり茂っていない雑木林の下草として生えている。林が茂って森になっていくにつれて、カンアオイは消えていく。人間が雑木林を伐採したりしても、カンアオイは数年ならずして消える。

その上、カンアオイの花が変わっている。カンアオイは春に新しい葉を二、三枚広げ、その間に一つ花をつける。この花はとても花とは思えない。地面に触れた、丸いかたまりのようなもので、色は黒褐色。一つつまみとって鼻先に近づけてみると、乾きかけた子どものおねしょ（寝小便）のような匂《にお》いがする。芳《かんば》しい花の香りなんていうものではまったくない。

こんな花にも、ちゃんとおしべとめしべがあり、おしべには花粉もある。いったいだれがきて授粉してやるのか？

それはカタツムリとナメクジなのだそうだ。ぼくは現実にこの目で見たわけではないが、カンアオイの花は風媒花でも虫媒花でもなく、蝸牛《かぎゅう》媒花だということになっている。

授粉の結果、できた種子がどのようにして散布され、芽を出すのか、ぼくは知らない。そしてカンアオイの小さな株は、春が終わるともうあまり大きくもならないし、広がってもいかないらしい。一株が地下茎を伸ばして新しい子株を生じ、それがまた、というようにして、一平方メートルに広がるのに、何十年もかかるだろうといわれているくらいだ。これがほんとうかどうかもぼくは知らないが、とにかくカンアオイは、セイタカアワダチソウなどとはまったく異なって、じつにゆっくりとしか増えていけない植物なのである。

どういうわけかギフチョウは、こんなカンアオイという植物を食べて育つことにしてしまった。してしまった、というよりは、なってしまった、というべきなのだろう。でもわれわれがあとからみると、ギフチョウが結果的にはこんな生きかたを選択してしまったようにも思えてしまう。

群らがって咲くカタクリの花に、ギフチョウはときたまやってくるだけである。カタクリの花にとまってみつを吸っているギフチョウの姿はとてもかわいらしく、その写真はすばらしく美しい。けれど、飛んでいるギフチョウは、ただせわしなく飛ぶ蝶とみえるだけで、写真から想像する「春の女神」の優美さはない。

ギフチョウが一年近くにわたるサナギの季節を経て、なぜ毎春きちんとあらわれるか。それについてはすでに書いた（新潮文庫『春の数えかた』所収。三三ページ）。そんなギフチョウとそれが育つカンアオイ、そしてギフチョウが美しくみつを吸うカタクリとアリ。三つどもえ、四つどもえの自然の姿を、次第に深く知れば知るほど、ぼくはただ驚くばかりである。

犬《いぬ》上《かみ》川《がわ》

滋賀県に犬上川という川がある。東の山地から流れ出て、湖東の平野部を横切り、彦根城《ひこねじょう》の少し南にあたる八坂《はっさか》で琵琶湖《びわこ》に流れこんでいる。

川幅はいちばん下流でも一二〇メートルくらいだから、それほど大きな川ではない。下りの新幹線が米原《まいばら》を過ぎ、右手に彦根市街が見えたと思ったら一瞬のうちに渡ってしまう程度の川である。

とはいえ川である以上、台風がくると水量が一気に増し、氾濫《はんらん》もおこす。古くは一九五三年（昭和二八）の台風一三号、翌一九五四年の台風一四号、四年おいて一九五八年の台風一七号、続いて五九年の台風七号では琵琶湖に近い下流地域で増水、氾濫がおこって、堤防が決壊したり、橋が落ちたりした。五九年にはさらに台風一五号のときに、橋が二つも落ちて通行不能となった。

一九六五年の台風二四号による橋二つの流失以後、しばらくは無事であったが、平成に入ってから、一九九〇年（平成二）の台風一九号では最下流の湖岸道路にかかる大きな橋、犬上川橋が落ちてしまった。そして滋賀県立大の開学を翌年にひかえた一九九四年、台風二四号による増水は、犬上川橋仮橋のすぐ上流で、堤防を大きくえぐりとった。県彦根土木事務所の河川砂防課は、犬上川改修計画を策定した。

滋賀県立大はこの犬上川に接してすぐ南の水田地域に建設中だった。つまり、犬上川は大学の庭先を流れているのである。大津の県庁内にある大学開設準備室にいたぼくは、改修計画の話を聞いて、すぐその計画を見せてくれるよう依頼した。どのような計画なのか気になったからである。そして、今後、大学とよく連絡をとりながらことを進めてほしいと要望した。県立大学には全国初の環境科学部が予定されており、関係の先生方もたくさんおられるのですからね、とぼくは強調した。

計画はなかなか見せてもらえなかった。まだ最終案ができあがっていないから、というのがその理由であった。最終案ではもう遅い、その途中で見せてほしいのだと頼んでも、さっぱり答えはなかった。

県の土木担当から、犬上川改修について御説明したい、という申し出があったのは、大学が開学した一九九五年のことであった。犬上川をめぐる環境に強い関心をもつすべての学部の先生方多数が集まって、ぼくらは県の改修計画の説明を聞いた。

氾濫がおこったのは、犬上川が琵琶湖に流れこむ下流部、つまり大学の目の前の区域での川幅が狭く、そこに土砂がたまって水流を阻《はば》むからである。だからこの区域の岸を削りとって、川幅を広げたい。そして広げた部分はコンクリートで固め、きれいな親水公園にして大学の一部ともなる人々の憩《いこ》いの場にしたい。これが計画の骨子だった。

これには先生方からいろいろな意見が出た。まず、大学の目の前の河岸《かがん》には、いわゆる河辺林の典型として、樹齢二〇〇年はあろうかと思われるタブの木の美しい林がある。そこには東部の山のほうから、多少とびとびになっているとはいえ続いてきている河辺林をつたって、さまざまな動物や植物が生きている。計画のようにそこを削りとってしまうのはあまりにもったいない。

計画ではタブの木はできるだけ移植し、また新たに苗木を植えることになっていた。しかし、そんな大木がうまく移植できるかどうかわからない。苗木を植えても、それが今のようになるには、二〇〇年かかる。

そして、いわゆる親水公園は、見た目にはきれいかもしれないが、自然とはかけ離れたものだ。わざわざそんなものを作らなくても、滋賀の自然はもっと美しい。

県土木の人たちは言った——行政としては、とにかく住民の安全を考えるのが第一なのです。それはもちろんわかる。行政には行政としての任務がある。「洪水はもうまっぴらや、川をコンクリート張りにして、今後、絶対に洪水がおきないようにしてほしい」という住民の意見も多かったとか。「ただしこういう御意見には、ちょっと待って下さい、と言いました」と県土木の人は笑いながら言った。「もうコンクリート張りの時代ではないのです」

それじゃあ、なんとかうまい手を考えましょうよ。そこで計画の見直しが始まった。

計画では今の堤防をそのまま残し、堤防の内側（つまり川の水の流れている側）にあるタブ林区域を削りとって川幅を広げることになっている。堤防をずっと南へずらして新しく作り、タブ林区域を川の中の島のようにして残せないものですかね。環境生態学科長の依田《よだ》恭二《きょうじ》先生がこう言った。

それは名案だ、とみんな賛成した。しかしそんなにうまくいくだろうか。

島が水びたしになったら、せっかくのタブの木は枯れてしまうだろう。島が川の中に孤立したら、動物たちは往《ゆ》き来《き》もできなくなるのでは？　大学の土地を提供してしまったら、今後の大学の拡充（たとえば看護学部の増設）に支障がでるかもしれない。将来、大増水があって、島が流されてしまってもいいのか？

とにかくこれは画期的な案だ、この線で検討してみましょう。

それからおのおのの部局で、注意ぶかい検討が始まった。川の水量はどうなるか。

おおざっぱに試算してみると、タブ林の島と新しい堤防の間は、ふだんはせいぜい湿地になる程度らしい。それなら島のタブの木も動物の往き来も大丈夫だ。三〇〇年、四〇〇年に一回程度の大増水が島を襲ったらどうする？　そのときはしかたがない。自然とは本来そういうものだ。ドイツのライン川でもそういう計画を実行している。県との相談で、大学の土地は提供できることになった。

その間、県土木は実際にモデルを作って水量や水流を実験的に試算してみた。これには相当な時間と費用と努力が必要であった。けれどその甲斐《かい》あって、重要なことがたくさんわかった。島の周囲や川の岸をコンクリートで固める必要はないこと、少し上流に棲《す》んでいるハリヨ（トゲウオの一種）その他の生物も、少し工夫すれば今のまま生きつづけられること、などなど。そして河辺には親水公園でなく、自然のままの林を残すことになった。

一九九八年、この新しい計画が決定され、今それに従った「改修」がおこなわれている。今後、各地での同じような事例の先鞭《せんべん》になるような気がしている。

ショウジョウバエの季節

六月に入るとショウジョウバエの季節になる。

ショウジョウバエとは、その名のとおりハエの一種、いやハエの一グループなのであるが、ふつうのいやらしいハエとはまるでちがって、体長二ミリ、三ミリという小さなハエである。

今どきの美しいシステム・キッチンなどでその姿を見ることはなさそうだが、多少昔ふうの台所には、必ずいた。でも、小さい上に、音を立てて飛ぶわけでもないから、ショウジョウバエがいても気のつく人はほとんどない。だから気になることもない。

ぼくがショウジョウバエの季節に気がつくのは、いわゆる晩酌のときである。忙しかった一日を終えて家に帰り、それでもまだその日の郵便物や返事を要するお知らせ、問合せなどの山を一通ずつ封を切って読んでいきながら、安物のウイスキーをソーダ割りにして楽しむ。そんなときにふと、手にしようとしたグラスに飛んできた一匹のショウジョウバエの姿が目に入るのである。

ショウジョウバエにもいろいろ種類がある。いちばんふつうのキイロショウジョウバエ。それよりも色のうすい、たぶんウスイロショウジョウバエ。一まわり大きくて黒いクロショウジョウバエ。

いずれにせよ、飲もうとするグラスのふちという限られた空間の中だから、このハエの存在はすぐわかる。そして、ああ、今年もショウジョウバエの季節になったなあと思うのである。

ショウジョウバエという名前をだれがつけたのかぼくは知らない。少々大げさだが、よくぞつけたという名前である。

ショウジョウとは「猩々」のことである。酒が好きでいつも飲んだくれている、あの伝説上の大きなサルのことである。かつてはオランウータンがそのモデルだといわれ、東南アジアのオランウータンを「猩々」と呼んだ時代もある。アフリカのチンパンジーは黒猩々、ゴリラは大猩々であった。

ショウジョウとはぴったりである。ショウジョウバエとゴリラはどうもイメージが結びつかないが、本来の酒好きのショウジョウバエとはぴったりである。ショウジョウバエはほんとうに酒が好きなのだ。だからどこからともなく現れて、晩酌のグラスに寄ってくるのである。

彼らはほんとに酒のお相伴《しょうばん》にあずかろうとしている。グラスや盃《さかずき》のふちにとまり、そこについた酒をなめようとする。大きなウイスキーグラスだと、ふちから中の液体のほうへ降りていく。そしてしばしばウイスキーの中に落ちてしまうという悲劇にも見舞われるのである。

じつはショウジョウバエは酒そのものが好きなのではない。アルコール分が好きなのである。アルコールの匂《にお》いが少しでもすると、彼らはそこに集まってくる。

人間が現れて酒などを作るようになるずっと昔から、ショウジョウバエたちはもちろんいた。ハエの仲間の一グループとして進化し、地球上のあちこちでいろいろな種類が生まれていた。

ふつうのハエが死んだり腐ったりした動物を食物にしているのに対し、ショウジョウバエは果物を食べることにしたらしい。鳥たちの食べ残した木々の果実が地上に落ち、半ば発酵したものにやってきてそれをなめ、それに卵を産む。幼虫たちはそういう果実を食べ、果実がひからびてしまわぬうちに急いで育ってサナギになってしまう。地面に落ちて少しくずれかけ発酵している果実は鳥も食べにこないし、アリもえものにしようとはしない。ショウジョウバエたちの幼虫が育つ食物としてはうってつけのものだったろう。

果実にはいろいろなものが含まれている。もちろん糖分も大量にある。鳥たちはこの糖分の甘さが好きで、熟れた果実をついばむのだ。いや、ついばむというより小さな果実を丸呑《まるの》みにする。そして鳥たちは意図せぬのに、木々の種子を撒《ま》きちらしてやっているのである。

こういう鳥たちが食べ残した果実は、熟しきって地上に落ちる。そして発酵しはじめる。すると果実の糖分はアルコールにかわる。そして、このアルコールの匂いを敏感にキャッチして、ショウジョウバエがやってくるのである。

ここまでくると、本物のショウジョウと——とはいってもショウジョウはもともと実在ではなく架空の想像の産物だが——現実のショウジョウバエとのちがいがはっきりする。

ショウジョウバエは本物のショウジョウとはちがって、アルコールを飲んで酔おうとしているのではない。アルコールは単に信号である。彼らが求めているのは発酵しかけた果実なのである。それこそが自分たちの栄養を保つ食物なのであり、自分たちの子孫を託すべき資源なのだ。アルコールは「ここにちょうどいい果物があるよ」というシグナルにすぎないのである。だから味噌《みそ》や醤油《しょうゆ》のような発酵食品にも、ショウジョウバエはやってくる。

現物とそのシグナルというこの関係は、自然界に広くみられる。自然界はほとんどすべてそのような形で成り立っているといっても過言ではない。哲学的な表現をすれば、自然におけるシンボリズムの問題である。

ところで、なぜ「ショウジョウバエの季節」などというものがあるのだろうか？それはきわめて単純なことで、要するに気温の問題である。

暑ければ暑いほど虫が多く出るとぼくらは思っている。けれどけっしてそんなことはない。それぞれの虫にはそれぞれの好む温度があって、その虫はその温度のときしか出てこないし、繁殖もしない。

たいていのショウジョウバエにとって、それは寒くもなく、暑すぎもしない本州の六月ごろの気温なのである。

冬から春の五月にかけて、ショウジョウバエたちは、どこかそこらの物かげで、サナギとして眠っている。サナギは小さくて動かないから、まずぼくらの目につくことはない。けれど六月になって、気温が二五度から昼では二七度、二八度ぐらいになると、サナギからハエが現れる。そしてウイスキーのグラスを訪れる。

七月になると、もう彼らには暑すぎる。ショウジョウバエはサナギで眠ってしまう。そしてぼくらが少し涼しくなったかなと感じる一〇月ごろ再び、秋のショウジョウバエの季節がやってくる。それはちょうど、秋の果物の季節でもあるのである。

八月の黒いアゲハたち

ふと見ると、庭先の花にクロアゲハがとまって、翅《はね》を動かしながら蜜《みつ》を吸っている。大きな黒い後翅《こうし》の赤いもようが鮮やかだ。黒い色は心なしかくすんでいるし、後翅の赤い斑紋《はんもん》がたくさんあるところを見れば、これがクロアゲハのメスであることは明らかだ。とくに急ぐ様子もなく、何かを気にする様子もないままに、こちらの花、あちらの花といくつかの花を訪れたのち、クロアゲハはいつの間にか姿を消した。

夏になると、黒いアゲハが目につくようになる。春にはこんなにしばしば目に入らなかった。

ひと口に黒いアゲハといっても、じつはたくさんの種類がある。まずいちばんポピュラーで日本じゅうたいていどこにでもいるのは、クロアゲハである。かつては鎌倉チョウとか十銭チョウとか呼ばれていたらしいこのクロアゲハは、文字どおりまっ黒なアゲハチョウで、後翅の裏面のへりに赤い斑紋が並んでいるが、飛んでいるとき、それは見えない。だから大きな黒いチョウとしてどんな人の目にもつきやすい。

メスも同じように黒いが、メスのクロアゲハはいうなればずっと墨絵っぽい。そして後翅裏面の赤い斑紋がオスよりはるかに派手である。しかしこれも飛んでいるときはあまり見えず、翅をパタパタさせながら花の蜜を吸っているときに、注意深い人が気がつくだけである。

クロアゲハにたいへんよく似たのがオナガアゲハである。色あいから赤い斑紋に至るまで、クロアゲハにひじょうによく似ている。ただ全体に翅が細く、スリムな感じがし、したがって後翅の先の尾のように伸びた部分、つまり「尾状突起《びじょうとっき》」がより長くみえる。それがオナガ（尾長）アゲハという名の由来である。

クロアゲハが里のチョウであるのに対し、オナガアゲハは山のチョウである。クロアゲハは大都市の中心部にもいるが、オナガアゲハは町の周辺の山や郊外にしかいない。そしてちょっと見ただけではクロアゲハと区別がつかないので、「オナガアゲハ」というチョウを意識している人はほとんどいない。

オナガアゲハはほんとうにクロアゲハと近縁である。親のチョウがよく似ているだけでなく、幼虫もたいへんよく似ている。山すその人里ではクロアゲハと同様、カラタチの葉を食べている。ちがうのは体がスリムで全体として色がうすいことと、さわると頭のうしろからニュッと出す例の臭い角（臭角《しゅうかく》）が、クロアゲハの幼虫では赤色なのに、オナガアゲハでは黄色いことぐらいである。

本州の南房総や湘南《しようなん》地方以西では、モンキアゲハというのがたくさんいる。クロアゲハよりひとまわり大きく、後翅の中央には、表面にも裏面にも、直径二センチに近いほぼ円形の白い紋がある。クロアゲハにくらべて飛ぶのが速く、翅の打ちかたも早い。けれどこの白い紋の存在はすぐわかる。

モンキアゲハはどんな山の奥にもいる。学生のころ、東京の西端の裏高尾の山をよく歩いたが、苦労して登りついた尾根をモンキアゲハがさっそうと飛んでいくのを何度も見た。急な山道に疲れはてた足では、とてもそれを追って走ることはできなかった。ぼくはそれが谷あいのほうへ舞い下りていくのを、半ば羨望《せんぼう》の思いをこめて眺めていた。

けれどモンキアゲハは里のチョウでもある。ミカン科の木が生えていさえすれば、モンキアゲハは町の中にもいる。夏のモンキアゲハの、とくにメスは、一段と大きくてよく目につく。

九州より南には、同じクロアゲハの仲間のナガサキアゲハがいる。あまり大きいという感じはせず、オスはまっ黒だがメスは灰色で、飛んでいるメスはむしろ白く見える。

黒いアゲハにはもう一つカラスアゲハの仲間がいる。これはクロアゲハとは相当にちがうグループで、幼虫やサナギの形も色もクロアゲハ類とはまったく異なっている。ただしやはりアゲハの仲間なので、幼虫にさわると頭のうしろから臭い角をニュッと出す。

カラスアゲハもミヤマカラスアゲハも親（成虫）は黒いアゲハである。翅には美しい青や紫の鱗粉《りんぷん》がちりばめられていて、黒一色のクロアゲハ類よりはるかに美しいが、飛んでいるときは区別がつかない。

こういう黒いアゲハたちの最大の悩みは日光である。強い日射《ひざ》しを浴びるとたちまちにして体温が上がり、体が過熱して飛べなくなってしまうのだ。

だから彼らはオスもメスも、真夏には朝早くと夕方にしか飛ばない。朝のうち、気温もまださして上がっておらず、朝の日が斜めに射しているころに、彼らはゆっくり飛びながら、異性を探し、花を訪れる。

午前一一時もすぎて、太陽が上から照りつけるようになると、彼らはどこかへ姿を消してしまう。飛びまわっているのは、黒と黄の縞《しま》をしたナミアゲハやキアゲハと、日光を好むモンシロチョウだけになってしまう。真夏の昼間はチョウたちの姿は意外に少ない。

かつて房総の山の中で、モンキアゲハの「蝶道《ちょうどう》」について調べたことがある。春、彼らは一日じゅう沢沿いの山道に沿って飛んでいた。真夏の七月ごろ、ふたたび同じ場所を同じ昼ごろに訪れてみたが、チョウの姿はどこにもない。どうしたのだろうと歩きまわってみたが一匹もみかけない。

あきらめて弁当をとるべく、山道が暗い日かげになったところで歩みを止めた。そこで何気なく見上げたら、道をおおう木々の梢《こずえ》の下を、何匹ものモンキアゲハが悠然と舞っているではないか！　彼らはこんなところで涼をとっていたのである。

夕方、日が傾きだすと、黒いアゲハたちはまた舞いだしてくる。そして日が暮れるまでの間、ふたたび異性や花を求めて飛びまわる。夜は葉かげでほんとうにお休みだ。

八月の黒いアゲハたちは、朝や夕方にも、明るい日光より暗い木かげを好む。日のあたる明るいところを好むナミアゲハと、それはじつに対照的だ。黄色いナミアゲハはうっかり風にあおられたりして暗い木かげに飛びこむと、大あわてで明るいところへ飛びだしてくる。彼らは暗いものがこの上なく怖《おそ》ろしいらしい。

黒いアゲハたちはその逆だ。彼らは暗いところを選んで飛ぶ。そしてそれによって、その黒い姿も目立たなくなるのである。

セミの声聞きくらべ

どういう風の吹きまわしか、ぼくは、この一〇日ほどの間にあちこちでいろいろなセミの声を聞く幸運に恵まれた。

まず八月の三日、東マレーシア、つまりボルネオ北部のサラワクで、ランビル国立公園を訪れたときである。

自然のままに残されている熱帯林の中は昼間はたいへん静かで、ときどきどこか鳥の声が聞こえてくる程度。チョウもほとんどみかけないし、テレビでおなじみの熱帯の虫や花なども目に入らない。あれはテレビがそういうものだけを拾って次々に見せているだけだ。

けれどよくよく注意してあたりを見まわしながらゆっくり歩いていくと、熱帯ならではの虫や花がそこここにその興味ぶかい生活を見せてくれる。

セミもその一つだった。森の奥からチーッとかカーッとかいう、かぼそい声が聞こえてくる。それが熱帯のセミだ。日本のセミのようなやかましさはまったくないし、アブラゼミやクマゼミやミンミンゼミのようなけたたましい合唱ではない。

セミ自身もどこにいるのかまったくわからない。ぼくがこの二〇年近くの間につかまえた熱帯のセミは、すべて電灯に飛んできたものだった。木にとまって鳴いているのは見たことがない。

しかし耳を澄まして聞くと、一匹のセミのかぼそい声が森のある方向からチー……というように聞こえてきたかと思うと、少しべつの方向から、それに対抗でもするようにもう一匹の声がしてくる。木々のどこかに黙ってとまっているメスが、この声にひかれてオスのところへ飛んでいくのであろうが、その場面を目にすることもできない。

翌八月四日には、ランビルに近いニア国立公園に出かけた。ここも自然のままの熱帯林で、その奥の山にあるニア洞穴の入口まで、三キロメートルの木の桟道がしつらえられている。

桟道を歩いていくと、あたりの木々の梢《こずえ》でときたまセミの声が聞こえてくる。一匹のセミが思いついたようにチーッと鳴きだし、しばらくその声がつづく。そのうちに森のはるか奥で、べつの声が始まる。けれど何匹もの合唱になるということはない。

かつて同じくボルネオ北部のサバで聞いたのは、夕方のセミであった。日が落ちて暗くなりかけたセピロクの原生林の中から、ケー、ケケケケというヒグラシ型の声が突然に聞こえてくる。ほんの二、三秒もすると、その声は少し離れた場所に移る。同じセミが飛んで移動していくにちがいない。

やがてまたちがった場所でべつの声がし、それがまたせわしなく移動していく。メスのいそうな場所を探してか、敵に居所を知られないためかわからないが、このオスを追いかけていくメスもたいへんだろう。とにかく昔から知っていることだったが、熱帯林のセミの数の少なさは驚くほどだった。

八月六日、日本に帰り、京都の自宅のまわりのセミの大合唱に、あらためて日本はセミの国だと実感した。アブラゼミ、ミンミンゼミ、ニイニイゼミ。夕方になればヒグラシたち。ぼくの家は少し北にあるので、当時クマゼミはいなかったが、京都の町へ入れば、昼前のクマゼミの声のやかましさは、まさにすさまじいものだった。暑さはさほど変らないのに、熱帯林とはあまりにもちがう。

その二日後、ふたたびあわただしく日本を発《た》って、ギリシアに着いた。八月九日に訪れたアテネのアクロポリスは、すさまじいセミの声におおわれていた。

強烈な日射《ひざ》しに照りつけられるこんな岩山に、よくぞこれほどの神殿を建てたものだと、ギリシア文明に今さらのように思いを馳《は》せながら登っていく道は、山すそに植えられたたくさんのオリーブの木々から聞こえてくるセミたちの声で満たされていた。それは日本のセミ時雨《しぐれ》そっくりであった。

セミたちはオリーブの木のそこここにとまって鳴いている。ヒグラシを小さくしたようなセミで、すぐつかまえることができる。けれどその声はジ、ジ、ジ、ジ、というような音で、日本のセミのようなメロディーも「歌詞」もない。かつて聞いたフランスのセミの単調な声ともまたちがっていた。

翌一〇日、ぼくはクレタ島イラクリオンのクノッソス宮殿跡を歩いていた。照りつける日光の強さ、そして暑さ。うしろは一面の禿山《はげやま》で、大きな石ばかりが目立つ。あの石を切り出してきて宮殿を築いたのだろう、などと思いながら登ったり降りたりしていたが、あたりのセミの声はアクロポリスをしのぐものだった。

セミの種類はよくわからないが、道に落ちていたのを見るかぎりでは、アテネのセミとよく似ていた。けれど彼らが鳴いていたのはオリーブではなかった。大きな松ぼっくりをたわわにつけたマツの木と、一見、針葉樹のようにみえる木とであった。

これらの木々は丈が高く、セミたちがどこにいるか、下からは見えなかった。けれど幹の根元のあたり、地上から一メートルほどのところには、何十というセミのぬけがらが、びっしりと樹皮についている。この丘ぜんたいで、いったい何万匹のセミがいることか！　その数の多さには、またまた驚くほかなかった。

セミの夫たちは幸せだ、なぜなら彼らの妻たちはしゃべらないからだ、と言ったのは、有名なギリシアのアリストテレスである。アリストテレスをしてかく言わしめたのは、かつてのギリシア人もセミの声をやかましく思っていたからだろう。

やはりセミたちがやかましく鳴く南フランスでは、かつてファーブルが祭り用の大砲をぶっ放し、その轟音《ごうおん》にもセミたちが鳴き止《や》まなかったので、セミたちは音が聞こえないと結論した。そして、セミたちはメスを呼ぶために鳴くのでなく、暑くて楽しいから歌うのだ、と『昆虫記』に記している。もちろんこれはまちがった推論だった。大砲の音はセミに聞こえる音の範囲から外れすぎていたのである。

日本ではセミの声は昔からよく知られている。「閑《しず》かさや岩にしみ入る……」と芭《ば》蕉《しょう》は歌ったけれど、一般にはセミの声はほとんど無意味なものと思われてきたらしい。「おどんが、うっ死《ち》んだちゅうて、誰《だい》が泣いてくりゅうか、裏の松山、セミが鳴く……」とは、よく知られた九州の民謡である。

にもかかわらず、セミたちは鳴きつづけてきた。そうやってメスを呼びつづけてきた。けれどその鳴きかたが場所によってこんなにちがうことを、今はじめて意識したような気がする。

秋のチョウ

秋が深まってくると、生きものたちの世界は急に淋《さび》しくなる。

セミの声もいつのまにか聞こえなくなった。夏の間のあのやかましさがうそのようだ。

カエルの声がしなくなって、もう久しい。夜、門灯に集まってくる虫たちも数えるほどに減ってしまったし、それを狙《ねら》って門柱に貼《は》りついていたヤモリの姿もない。

秋の虫の声もさすがにまばらでか細くなった。

それでも、本州中部というか関東地方あたりから南では、昼はまだ暑いくらいの日《ひ》射《ざ》しである。その中を、もう一一月というのにモンシロチョウがひらひら飛んでいる。白いチョウたちの姿は、秋植えのキャベツの畑などにとくに多いようだ。キャベツの株から株へと、彼らは夏と同じように飛びまわっている。

なんと彼らは、夏と同じことをしているのだ。つまりメスを探しているのである。

ただし、メスの数はもう少ない。それに、植えられて間もない畑では、親のチョウたちが現れるはずもない。

けれどモンシロチョウのオスたちは、キャベツの姿とその葉の匂《にお》いに勇気づけられて、メス探しの行脚《あんぎゃ》を止《や》めようとはしない。オスのチョウになってしまった以上、何とかしてメスをみつけ、自分の子孫を残さねばならないのだ。それがなんとなく哀れさを感じさせるのである。

だが、そう感じるのは、人間の思いこみだ。モンシロチョウはもっとしたたかに生きている。

秋が深いとはいえ、昼はまだ暖かい。そしてオスは、ときには運よくメスに出合う。出合ったらオスは、すぐメスに迫り、たいていは望みを達することができる。

こうして授精されたメスは、まもなく卵を産む。暖かい地方だったら、卵はやがて孵《かえ》る。そして幼虫になる。

晩秋の夜はひんやりするが、それくらいの寒さでは幼虫は死なない。夜を静かに耐えて、翌朝になれば、朝の太陽が幼虫の体を暖めてくれる。暖まって元気になった幼虫はキャベツの葉を食べはじめる。

こうして幼虫はゆっくりとながら大きくなっていく。食べたり歩きまわったりするのは暖かい昼の間だけだから、当然ながら時間はかかる。けれど、突然にはげしい寒さや霜が襲ってこないかぎり、モンシロチョウの幼虫はキャベツの葉の上で生きつづけ、時間をかけて育っていく。

四国や九州の暖かい地方では、真冬でもキャベツ畑でこういう幼虫をみかけることがよくある。暖冬の年なら、関西はもちろん、関東地方でも、真冬の一月にモンシロチョウの幼虫が野外で生きていることがあるのだ。

とはいえ彼らは、サナギにはならない。サナギになるにはさすがに寒すぎるのであろう。こうして彼らは幼虫のまま、じっくりと冬を耐えていく。そして三月になって暖かくなったら、ある日彼らはサナギになる。そして、サナギで冬を越してきた仲間といっしょに親のチョウとなり、また新しい世代を産みだす。秋おそくにキャベツ畑を飛びまわっていたモンシロチョウたちは、冬にも子孫を稼いだわけである。

もちろんこの戦略にはリスクがある。その土地が、そしてその年がある程度暖かくなければならない。不意にきびしい寒さがくれば、幼虫たちは死んでしまう。けれどうまくいけば、子孫を残す機会が一回ふえたことになるのだ。

同じチョウでも、アゲハチョウはこんな危なっかしいことはやらない。アゲハチョウの発育は、そのときどきの温度でなく、日長つまり昼の長さで左右されるようになっている。

日の長い春から夏の間に育ったアゲハチョウの幼虫は、サナギになって二週間もすると親のチョウになる。けれど秋になって日が短くなり、日長が一二時間四五分を切ると、その日長のもとで育った幼虫は、サナギになっても翌年の春までじっと「眠って」いるいわゆる休眠サナギになる。

日長は温度とちがって、年によってちがうことがない。今年は日が長いとか、今年は日が短かいということはないのだ。だからアゲハチョウが休眠サナギになる時期は毎年ちゃんときまっている。

休眠サナギが「目醒《めざ》める」には、一度、冬の寒さを一カ月ぐらい経験することが必要だ。冬の寒さに逢《あ》わせないで暖かくしつづけていると、休眠サナギはついに目醒めることなく死んでしまう。チョウにおいても「過保護」は禁物なのだ。

だから、一〇月に入ってから親のアゲハチョウが現れることはない。たとえ暖かい四国や九州でも、秋おそくにアゲハチョウの飛ぶ姿を見ることはない。秋口の短い日長のおかげで、アゲハたちの幼虫はもうみな休眠サナギになっていて、翌年の春までじっと眠っているのである。アゲハチョウとモンシロチョウは、戦略がちがうのだ。モンシロチョウは僥倖《ぎょうこう》に賭《か》け、アゲハは確実を選ぶ。

やはり同じチョウの仲間でも、またべつの戦略を採っているものがいる。

子どものころぼくは、ラジオから流れてくる朗読の声にふと心を奪われたことがある。それはある作家の作品であった。秋も深まったおだやかな午后《ごご》、古びた洋館の庭で一匹のチョウが、花を求めてでもいるのか、枯れかけた草花の間を飛んではとまり、また少し飛んではとまりしているという描写だった。

それは子ども心にも晩秋のわびしさを感じさせるものであった。その後もぼくは、この描写どおりの光景を目にすると、いつもこのラジオの声を思いだす。

このわびしさが「戦略」とからむのは、この作品の中のチョウが「小さな黄色いチョウ」であったからである。小さくて黄色いチョウ。それはキチョウ（黄蝶）と呼ばれるチョウである。草の葉の間をちょっと飛んではとまり、また少し飛んではとまるのも、キチョウならではの飛びかただ。

じつはこのキチョウは親のチョウのままで冬を越すのである。オスとメスが求めあって子孫を残すのは翌年の春である。

だからキチョウは秋おそくにも、少し暖かい日射しさえあれば、枯れ残った花を求めてその蜜《みつ》を吸い、冬を耐える貯《たくわ》えにしているのだ。そこには何のわびしさもない。これもまた、自分の子孫を残すための一つの戦略なのである。

真冬のツチハンミョウ

一九九九年一二月一一日の午後のことだ。夕方から始まる講演会に出席すべく、京都の自宅を出ようとしたら、玄関の戸口のところに長さ一センチほどの黒い虫がいるのに気がついた。何の虫か即座にはわからなかったが、一風変わった姿の虫であった。小さなカミキリムシ？　いやちがう。体はもっと丸っこく、それに異様なほど青黒い。その何ともいえぬ光沢から、これはひょっとするとツチハンミョウかもしれないと思った。

手を伸ばしてつまみあげて見ると、それはやはりまぎれもないツチハンミョウであった。

指先に触れたその太った虫の妙にやわらかい感触、青黒い丸っこくふくれた腹、奇妙なくびれの入った特徴ある触角。手にとるとやおら体を丸め、肢《あし》のあたりから橙《だいだい》色《いろ》の液体を出した。まさにツチハンミョウ、それも生きたツチハンミョウである。

ツチハンミョウは変わった昆虫である。甲虫《こうちゅう》の仲間なのに翅《はね》は事実上なく、太った体はぶよぶよと柔かい。そしてその青黒く光る色の独創的なこと。こんな色の虫はほかにはいない。そしてその柔かい体の無防備さを補うべく、何ものかに触れられると肢の関節のところから黄色いいやな味の液体を出す。この液体には人間の弱い皮膚をかぶれさせる毒が含まれている。

姿・形もさることながら、変わっているのはツチハンミョウの一生である。かつてファーブルが『昆虫記』の中で書いているように、この虫はじつに驚くべき生活をしているのだ。

春から夏にかけて、ツチハンミョウの親虫は、草の生えた土地に現われる。人目につきにくいから、この虫を知っている人はごく少ない。

かつてぼくは東京・成城《せいじょう》の畑地の土手でこの虫を何匹かつかまえ、しばらく飼っていたことがある。土を敷いたガラス容器にタンポポの葉を入れておいたら、親虫はそれを食べていたと記憶しているから、ツチハンミョウの親虫はそんなものを食べているのだろう。

けれど、ツチハンミョウの幼虫はどこにも見当たらない。親は春になると、忽然《こつぜん》として草地に現われる。幼虫はいったいどこにいるのか。

ファーブルの『昆虫記』には次のように書いてあった。

ツチハンミョウは土を少し掘って、大量の卵を産む。大量とは二千個とか三千個とかいうことである。一個一個の卵は小さいけれど、それにしても大変な嵩《かさ》になる。だからツチハンミョウのメスは、あんなに大きな腹をしているのだ。そしてそんな身重の体では、飛ぶこともできない。翅がないのもそのためであろう。

　まもなく卵からは小さな幼虫が孵《かえ》る。ふつうの甲虫とよく似た細長い形をしていて、六本の肢ですばしこく走りまわる。特徴的なのはその肢の爪《つめ》である。昆虫の肢の先には二本の爪が生えている。それは親でも幼虫でも同じである。ところがツチハンミョウの幼虫の肢の先には三本の爪があるのだ。何のために爪が三本あるのかわからないが、これに因《ちな》んでツチハンミョウの幼虫は三爪《さんそう》幼虫と呼ばれている。

　卵から孵った三爪幼虫はすぐ地表にでて、近くの草によじのぼり、そのてっぺんまでいく。春だからたいていの草は花をつけている。幼虫はその花の中にもぐりこむ。ファーブルは三爪幼虫をここまで追いかけた。ところがそのあとがさっぱりわからない。話はそれこそ推理小説のようになった。

　まったくべつのときにファーブルは、あるハナバチの巣の中で、親バチが自分の幼虫のためにしつらえた蜜《みつ》と花粉の貯《たくわ》えをむさぼり食っている変な虫をみつけた。それはカブトムシかコガネムシの幼虫のような形をした、丸々と太った虫で、絶対にハナバチの幼虫ではなかった。

なんでこんな虫がハナバチの巣に？　といぶかりながら、ファーブルはこの幼虫の発育を追った。太った幼虫は蜜と花粉を食いつくし、サナギになった。そしてそのサナギからは、なんとツチハンミョウがでてきたのである。

つまり、ハナバチの巣の中にいたのはツチハンミョウの幼虫であった。ツチハンミョウの幼虫は、ハナバチの巣に「寄生」して、親バチが自分の幼虫のために貯えた食料を失敬し、それを食べて育つのである。

食べものの中にどっぷり漬かったこのツチハンミョウの幼虫は、でっぷりと太っていて肢は無いにひとしい、いわゆるイモムシ型幼虫であって、卵から孵ったばかりのときのすばしこい三爪幼虫とはまるきり異なっている。

けれど、三爪幼虫はまぎれもないツチハンミョウのメスが産んだ卵から孵るのであり、ハナバチの巣の中の太ったイモムシ型幼虫は、サナギを経て、まぎれもないツチハンミョウになるのだから、どちらもツチハンミョウの幼虫であることにまちがいはない。三爪幼虫はどうやってハナバチの巣の中に入りこむのだろうか？　ファーブルはここを推理でつなげるほかなかった。——草のてっぺんの花にもぐりこんだ三爪幼虫は、そこでじっと待っている。春だから、ほどなくいろいろな虫が花にやってくる。

三爪幼虫はすかさずその虫の肢にしがみつく。その虫の種類は確かめないから、何の保証もないわけだが、幸いにしてその虫がハナバチのメスであったらば、幼虫はハナバチの巣に連れていかれる。そしてすばやくハチの体から降り、巣の中へもぐりこむ。ハナバチが蜜と花粉を貯え終え、自分の卵を産んで巣にふたをし、飛び去ってしまうと、ツチハンミョウの三爪幼虫はハチの卵を殺して、この食料部屋の主となる。そして脱皮をして、似ても似つかぬように太った第二齢幼虫に変身するのだ。ファーブルはこのように推理した。

彼のこの推理は、何年ものち、日本の桝田長《ますだひさし》さんによって確認された。山梨の小学校の先生をしていた桝田さんは、驚くべき根気でツチハンミョウの三爪幼虫を追いかけ、『日本昆虫記　Ⅳ』（講談社、一九五九年）の「ツチハンミョウ物語」にくわしく述べられているとおり、その信じられない生活を明らかにした。

それこそ僥倖《ぎょうこう》に身を任せるようなこんな生きかたをしているにもかかわらず、ツチハンミョウはいまだにちゃんといる。

ぼくが家の玄関先でこの一二月にみつけたツチハンミョウは、どこでどうして育ってきたのかわからない。そしてどうしてこの真冬に親になったのかもわからない。けれどぼくの見たものはけっして幻《まぼろし》ではなかった。

冬の草たち

いつも年を越して一月ともなると、さすがに寒さを感じる毎日である。

それでも去年（一九九九年）の秋は異例なほど暖かかった。暖かいというより暑い日さえあった。「異常ですね」ということばが、日常的なあいさつにしばしば用いられるくらいだった。

けれど、枯れるべき草はちゃんと枯れ、葉を落とすべき木はちゃんと葉を落としている。町の中でもそうなのだから、少し人のまばらな場所ともなれば、昔から言われているとおり、人目も草も枯れて、山里は冬ぞ淋《さび》しくなるのである。

淋しくなるのは山里に限らない。ここ彦根《ひこね》のお城に近い、町のまん中にある県立大学の学長公舎の庭だってそうだ。

近ごろは珍しくもなくなった単身赴任をしているぼくにはもったいないくらいの公舎には、車の三、四台は置けそうな、かなり広い芝生の庭がある。

芝生というのはわびしいもので、花も草もないからチョウもトンボもやってこない。

たまにスズメなどがやってきて、またすぐ飛びたっていくだけだ。

ぼくはそういうわびしさには耐えられないので、芝生の手入れはお断わりしている。すると芝生にはいろいろな草が生えてくる。そして季節の移り変わるのにつれて、それぞれのプログラムに従った思い思いの姿を見せてくれる。そして、じっと目を凝らして見なければ気づかぬような花を咲かせ、それに小さなチョウがやってきて、蜜《みつ》を吸っていく。

花が終わるとその草は枯れる。べつに冬がきたからではない。春の終わりにでも、夏の始まりにでも、あるいは夏草の生い茂る季節にでも、枯れる草は枯れる。そしてその間からべつの草が伸びだしてくる。草たちのこの移り変わりを、ぼくはこの五年ほど、じっと見てきた。

ある特定の草に注目すれば、その芽生えも育ちも季節の推移に従ってきちんときまっている。けれどそれまでにはなかった草が、どうしてだかわからないが忽然《こつぜん》と姿を見せることもある。三年目から現れたネジバナもその一つだった。

けれど秋の終わりになると、ほとんどすべての草は枯れてしまう。ネジバナなどどこに生えていたか、もうまったくわからない。そう思って見れば、ほんとうに人目も草も枯れてしまうのである。

芝生とは少し離れた庭の一隅をそれこそ埋めつくしていたドクダミもそうだ。初夏のころにはあの独特の濃い緑の葉の間から、短いしっかりした茎をさしだして、まっ白い花弁のように見える総苞と黄色いしべの組みあわせである、あのドクダミならではの花をつけていた。その庭の隅は、じつに華やかなものであった。

今、冬になって、そのドクダミたちは完全に枯れている。枯れた葉はわずかな風にも飛ばされてしまい、もはやほとんど影も形も残っていない。

隣りの家との境にある塀の根方には、大きく育ったイノコズチが、すっかり枯れて、それでもまだ立っている。そしてその下には、ここにも生えていたドクダミの枯れ姿が辛うじてみえる。

塀ぎわにあった洋種の大きなカタバミは、枯れてこそいないものの、葉の色は黄ばみ、夏の生き生きした面影はない。三枚の小葉もぴったり閉じられ、必死になって寒さに耐えているという感じである。

ふたたび芝生に目を転じれば、芝も草ももはやみな枯れている。ずいぶん遅くまで黄色い花を咲かせていたアキノキリンソウとおぼしき草も、一二月半ばにはほとんど枯れてしまった。咲き終わらぬまま枯れてしまった花が哀れさを誘う。

けれどぼくは、その少しわきに、キク科植物の濃い緑色をしたロゼットがあるのに気がついた。ロゼットとは、平たく葉を広げ、地面に貼《は》りつくようにして冬を生き延びている姿の植物のことをいう。冬、枯草の中の緑鮮やかなロゼットは、ぼくの心に喜びと勇気を与えてくれる。

だがロゼットはぴったり地面にへばりついているので、立って斜めに芝生を見渡したのでは、あまり目に入らない。けれど芝生の中に入って、真上から見下すと、ロゼットはあちらにもこちらにもあることがわかる。

その姿は、植物の種類によってもちろんちがう。ハルジョオンのロゼットは径五センチ以上もあるが、ハハコグサのロゼットはもっと地味である。葉が白い毛でおおわれたハハコグサは、夏の盛りの季節にも、それほど緑色にはみえない。径二センチから三センチ、高さ五ミリもないハハコグサのロゼットは、小さいながら元気いっぱいだ。

こういうロゼットは、いざひとたび春がくれば、たちまちにして茎を伸ばし、その先に花を咲かす。暖かくなったと思ったら、そこらじゅうに野の花が咲きだすのはそのためである。

冬の間ずっと餓《う》えていた虫たちは、先を争ってそういう花に集まってくるだろう。そして忙しく蜜を求めながら、花たちを授粉してまわるだろう。ロゼットの植物たちは、それを期待し、それを待っていたのである。

けれど、多くの草にとって、寒くて乾燥した冬は危険である。干からびたり、寒くて凍ってしまったりしたら、体の細胞はこわれてしまい、とても生きてはいかれない。そこでたいていの草は、冬は枯れるか葉を落としてしまうのである。それは危険な乾燥と凍結を避けるためである。

では冬も緑の葉のままでいるロゼット植物は、なぜ平気なのだろうか？

彼らは、葉や茎の中に砂糖をたくさん貯《たくわ》えているらしい。溶液の濃度が高ければ、ぐっと凍りにくくなる。彼らはこの現象を利用しているのだ。

ロゼットではない、「普通の」姿で冬を越している草もある。ぼくの住んでいる公舎の庭でいえば、スズメノエンドウというマメ科の植物である。

この草は春早く、エンドウに似た小さな花を一面に咲かせ、五月ごろ豆ができたら、ひと月もせずに枯れてしまう。そして冬のさなかの一二月ごろ、新たに緑色あざやかな若草として伸びてきて、いちばんきびしい季節の中で青々と茂っていくのである。

冬はすべてが枯れる季節ではけっしてない。

冬眠探し

もう二月も終わりだなあ、このあたりではあまり冬らしい日もなかったのに、などと考えていたら、ふと高校生時代にかなり夢中になっていた「冬眠探し」のことを思いだした。

虫たちがどんなところで冬眠しているのか探してみようという、他愛もない好奇心がその動機だった。

最初のきっかけになったのは、多摩川べりの砂利取り跡の池だったような気がする。ぼくが通学していた成城《せいじょう》学園から小田急で三つばかり先の和泉《いずみ》多摩川という駅から少し川沿いに歩くと、その池があった。

夏から秋にかけて、この池にはたくさんの淡水クラゲが現われた。当時から何十年か前、三重県津の古井戸で偶然発見されたというこの淡水クラゲが、どういうわけかまるで関係のない東京の多摩川の池で、大量にみつかったのである。

ぼくら成城学園生物部の部員たちは、多大の関心をあおられ、毎日毎日この池に通って観察をした。

専門家の先生の話を聞くと、淡水のクラゲも水底の石などに固着したイソギンチャク状のポリプから、花が咲くように生まれてくるという。この話自体が何だか美しく幻想的だった。

そんなわけでぼくらは、一生懸命池に潜って、ポリプなるものを探した。池は五メートル近くの深さがあり、今のようにアクアラングなどない当時には、それは大変なことであった。そして結局、ポリプは一つも発見できなかった。

クラゲに夢中になってはいたけれど、池にはいろいろな水生昆虫もいた。秋も深くなってクラゲの季節が終わってしまうと、ぼくの気持は水生昆虫に戻っていった。けれど、もう水は冷たく、虫たちの姿も見られなくなっていた。

彼らは冬眠してしまっているのだろう。でも、どこで？

水生昆虫も昆虫である。幼虫のときはえらで水中の酸素をとっているのもあるが、成虫（親）になれば空気呼吸をする。そういう虫は水の中で冬眠するわけにはいかない。池の近くの陸に上がって、どこかに隠れて眠っているにちがいない。その場所をみつけてやろう、そうぼくは思ったのである。

午後の授業が休講だったのかどうか、今ではまったく憶《おぼ》えがない。当時、成城の高校は神奈川県の淵野辺《ふちのべ》という相模原《さがみはら》のまっただ中にあったから、ぼくはいつものように授業をさぼって、成城の本校にある生物部にきていたのだろう。

池に着いたのは午後の早く。そのころの冬は今よりずっと寒かったが、日がさんさんと照る池のほとりは、風こそ冷たかったが若かったぼくにはどうということはなかった。

池のまわりの土手を眺めると、ところどころに枯草がある。虫たちはきっとこんなところに隠れているにちがいない。

早速にその枯草の根もとを掘ってみる。だがあては外れて、何もいない。ではこの草の下は？　そこもだめ。

そんなことをくりかえしていくうちに、いた！　ミズギワカメムシの仲間とおぼしき小さなカメムシや、小さなゲンゴロウ。その他、名前もよくわからない虫たちが、草の根ぎわの砂の中から次々とでてきた。フウセンムシのようなものもいたし、アメンボの幼虫のように思えるのもいた。

水辺にこんなにいろいろな虫がいるとは想像もしていなかった。「水生昆虫」といえば、ゲンゴロウ、タガメ、ミズカマキリなどを思いだすのがせいぜいだった。

けれど今ここにはそんなれっきとした虫はいない。いるのは何だか名前もよくわからない小さな虫ばかりだった。きっとぼくが水網で水中のゲンゴロウをねらっているときに、足もとの水ぎわの地面を歩いていたような虫たちだろう。

ふしぎだったのは、そういう虫たちが特定の場所にかたまっているらしいことだった。もちろん、一匹や二匹が砂の中にいても気がつかなかったかもしれない。たくさんかたまっているときだけ目についたのかもしれない。

それにしても、こんなに多種多様な虫たちが、こんなに一カ所に集まるのはなぜだろう？　同じ種類の虫なら互いに惹《ひ》かれあうということだってあるかもしれないが……。

事実、ずっとのちになって、ぼくらは昆虫の集合フェロモンのことを知った。ゴキブリとかある種のカメムシなどは、それぞれの種に特有の匂《にお》いを放っていて、それに惹かれて同じ種の虫が集まってくるという。でも、種類もちがうのになぜこんなに集まっていたのだろう？

これもずっとのちになって、テントウムシの冬眠について少し調べてみたことがある。知っている人も多いと思うが、冬、テントウムシは特定の場所にたくさん集まって冬越しをする。どうやらあれは、一匹一匹のテントウムシが、越冬に適した場所を探していくうちに、結局みんなあるところに集まってしまうためらしい。物かげで、風もあたらず、乾いた場所というのは、そうやたらにあるわけではないからだ。

ぼくは、多摩川の池のほとりで冬眠探しをしていたころ、きわめて素朴に虫たちはよく日が当たる暖かい南斜面で冬越しをするものだと思っていた。

たしかにそういう場所でも虫はみつかった。草の根本の砂を少し掘ると、虫たちがでてきた。そして日光を浴びると、ゆっくり肢《あし》を動かしたり、ときにはのろのろと歩きだす虫もいた。つまり、虫たちは完全に眠りこんではいなかったのである。

そういえば、冬の寒い日に、蚊柱のような群れをつくって飛んでいる小さなハエもいる。一二月に咲くビワの花には、ハエやヒラタアブがたくさん飛んできて、にぎやかなお祭りをやっている。二月にウメの花が咲くと、ちゃんと虫たちがやってきて、蜜《みつ》を吸い、授粉をしてくれる。虫たちは冬は冬眠、なんて思っていた自分が、じつに単純だったことに気がついた。

けれどほんとうに冬眠する虫のいることも、のちに知った。そういう虫たちは、けっして暖かい場所にはいない。そしてそういうほんとに冬眠する虫たちは、寒いからじっとしているわけではなく、一定の期間、冬の寒さを経験しなければ親になれないのだということも知った。

他愛もない冬眠探しから何十年、昆虫学はずいぶん進歩したし、ぼくも虫からいろいろなことを教わった。

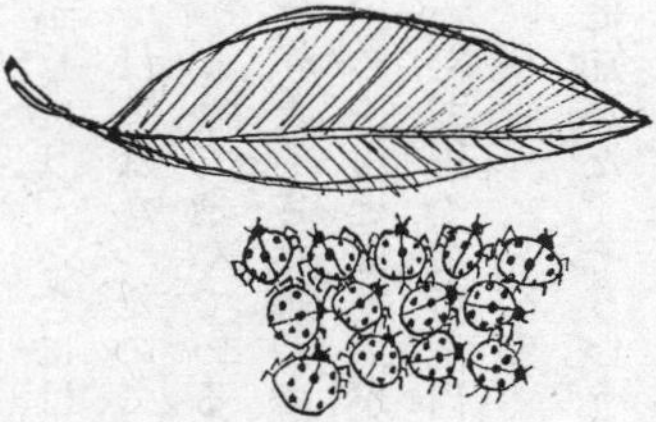

モンシロチョウとアゲハチョウ

南方熊楠《みなかたくまぐす》賞という賞がある。紀州に生まれたあの博覧強記の学者、南方熊楠を記念しての学術賞である。

この度、思いもかけず、この名誉ある賞を戴《いただ》くことになった。ぼくに授賞されるのはこの賞の自然科学賞で、人文の受賞者は上田正昭《まさあき》先生であった。

その受賞記念の講演で何の話をしたらよいだろうか。ぼくは長いこと考えていた。熊楠はじつに幅広い思索の人である。それに恥じない話となると大変である。

結局のところ、ぼくはモンシロチョウとアゲハチョウという話をすることにした。モンシロチョウもアゲハチョウも、どちらもチョウである。けれど、生きる上でのロジックはまるでちがう。そのちがいを話してみようと思ったのである。

春から秋かなりおそくにかけて、キャベツ畑にはモンシロチョウがひらひら飛びかっている。メスを探し求めるオスたちである。キャベツの葉裏に翅《はね》を立ててとまっている、羽化したばかりのメスをみつけると、オスは彼女にとびつき、あっというまに交尾してしまう。けれど、同じように翅を立ててとまっているオスのモンシロチョウにとびつくことはない。

観察や実験をくりかえして調べていった結果、次のようなことがわかった。

モンシロチョウの翅は、人間の目には同じように白く見えるけれど、オスとメスでは紫外線の反射率が異なっている。メスの翅のほうが紫外線をよく反射するのである。他の多くの昆虫と同様、モンシロチョウは紫外線を一つの色として見ているから、モンシロチョウ同士の間では、オスとメスは全然ちがう色に見えているはずである。オスは、翅を立ててとまっているメスの裏翅の、紫外線と黄色のまざった色をメスの信号として認知し、この色のものを見たら、即座に性行動をおこすのである。

ところが、アゲハチョウ（ナミアゲハ）では、様子がまったくちがう。ナミアゲハのオスは、オス・メスどちらのチョウにでも飛びついていく。そしてその翅にとまって前肢《まえあし》の先で叩《たた》く。こうして体の匂《にお》いを嗅《か》いで、メスかどうかをたしかめ、メスでなかったらすぐ飛び去ってしまうのだ。

だれでも知っているとおり、ナミアゲハの翅は黄色と黒の縞《しま》模様になっている。この縞模様が大切なのだ。翅の黄色いところだけを丹念に切り集めてつくった黄色一色のモデルは、人間の目には日光に光ってよく目立つが、オスのアゲハはこれに木の葉と同じ程度の関心しか示さない。

モンシロチョウでは単なる色がメスの信号になるのに、アゲハではなぜ縞模様でなくてはならないのだろう？

かつて昭和天皇にチョウの行動について御進講申し上げたとき、陛下からこれと同じ質問をされた。ぼくが「わかりません」と答えると、陛下は言われた——「わからないだろうねえ」

モンシロチョウのサナギは保護色のよい例である。緑色のキャベツの葉についているサナギはきれいな緑色であり、褐色の板塀などについているのは、灰色や褐色なのだ。こういうみごとな保護色になるしくみについては、ずいぶん昔からヨーロッパで研究されてきたが、その結論は、サナギになるために糸をかけている幼虫が、自分の足場の色と明るさをキャッチし、そこが明るくて黄色とか緑色だったら緑色のサナギになり、さもなくば暗色のサナギになる、ということだった。調べてみると、日本のモンシロチョウでも同じであることがわかった。

ではアゲハチョウではどうなのだろう？　ナミアゲハのサナギも、ついている場所に対応したみごとな保護色をしている。カラタチの緑色の小枝についているサナギは鮮やかな緑色、枯枝についているのは褐色である。

当然これも、糸かけをしている幼虫の足場の色によるものにちがいない、とはじめは思った。

ところが実験してみると、どうもそうではないのである。そこで完全な暗黒の中に、カラタチの緑色の小枝と枯枝を混ぜて入れ、たくさんの幼虫にサナギにならせてみた。二日ほどたって、幼虫がみんなサナギになったころ、暗箱をあけて調べる。すると何ということか、完全に暗黒の中であったにもかかわらず、緑色の小枝には緑色のサナギが、枯枝には褐色のサナギがついていたのである！　幼虫は光がなくても色が見えるのか？　そんなことはありえない。

模索に模索をくりかえした結果、やっとわかった。ナミアゲハのサナギの色は、足場の匂いできまるのである。つまり、緑色の小枝は青くさい、生きた植物の匂いがする。そこに糸をかけてできたサナギは緑色のサナギになるのである。枯枝や板塀ではそのような匂いがない。すると褐色のサナギができるのだ。

しかしその後、本田計一さん（現広島大学教授）の研究で、問題は匂いばかりではないこともわかってきた。緑色の小枝は細い。つまり曲率半径が小さい。そして表面はすべすべしている。生きた植物の匂いがして、曲率半径が小さく、しかもすべすべしていると、緑色のサナギになるのだ。反対に、枯枝は表面がざらざらしているし、太い幹や板塀は曲率半径が大きい。このような条件は褐色のサナギを生じやすくさせるというのである。おまけに夏の高温や湿気は、緑色のサナギをできやすくする。アゲハチョウでは、こういう複雑な条件の組み合わせで、緑色のサナギができたり褐色のサナギができたりするのである。いずれにせよ、そのとき足場の色はまったく関係ない。色とまったく関係のないことがサナギの色をきめるとは、驚きであった。

だが、ここで一つの重大な疑問がでてきた。モンシロチョウのサナギの色は、足場の色と明るさによってきまる。緑色のキャベツの葉の上で、幼虫が真暗な夜にサナギになる糸かけを始めたらどうなるのか？　緑色の葉の上に、褐色のサナギができてしまうのではないか？

これへの答えも驚くべきものであった。モンシロチョウの幼虫は、ある程度以上暗くなると、翌日明るくなるまで、サナギになるための糸かけを最大二四時間まで待てるのである。アゲハチョウでは待てない。

モンシロチョウとアゲハチョウ。同じチョウなのにこのロジックのちがい。ぼくはそこから多くのことを学んだ。

ホタル

今年もホタルの季節になった。テレビや新聞にホタルの話題がぐっと増えだした。あちこちでわが町のホタル回復に取り組んでいる人々から、活動の記録が立派な冊子になって送られてくる。

ホタルについての認識も、ひと頃から見れば大きく変わった。

昔はホタルは「清流」の産物だと思われていた。人々はひたすら、ホタルの棲《す》む清らかな水を求めた。

けれど、古くから言われているとおり、「水清ければ魚棲まず」である。あまり清い澄みきった水には、ホタルの幼虫が食べる貝の食物がない。そんな川ではホタルは育たない。

ホタルは意外と「人里の虫」で、人間が住んで洗いものをしたり、ときどきは残飯などを流したりもしているような川にたくさん出るのだということも、今はよく知られてきた。

川のほとりにあって水を汚していると嫌われていた小さな養豚場がなくなったら、ホタルもいなくなってしまったという話もある。養豚場から出る適当な量の汚物が、貝を養い、それをゲンジボタルの幼虫が食べていたのである。

アフリカ・ケニアのナイロビにある国際昆虫生理生態学センター（ＩＣＩＰＥ）の研究会で、「アフリカン・ムジーマ」という映画を見せてもらったことがある。東アフリカの山麓《さんろく》にある川の話だった。

休火山の熔岩帯《ようがんたい》を通ってくる水が集まったこの川は、それこそ澄みきった、驚くほど清らかな川であった。

この川にはかなりたくさんのカバがいて、昼はひんやりした水に体を沈めて休んでいる。

夜になるとカバたちは陸上に上がり、草を食う。そして翌朝、また川に戻ってくる。やがてカバたちは川の中で大量の糞《ふん》をする。澄みきった水には一瞬にして糞が広がり、それこそ一メートル先も見えなくなる。ついさっきまでの清流もどこへやら、水は糞の中の草のかけらでいっぱいになってしまう。

するとたちまち、どこからともなく大小の魚たちが大量に現われ、水中の草のかけらを食べはじめるのだ。あっという間にカバの糞は食べつくされ、川はもとの清流に戻る。そして満腹した魚たちは、川のあちこちへ散らばってゆく。

ぼくは吸いこまれるようにこの映画をみつめていた。川というのはこういうものか。カバが陸上へ出て草を食い、自らを養いながら、魚たちを養う。おそらくは鳥たちが魚を捕えて、自らを養いながら、陸上で糞をして草を養うのであろう。

日本のホタルについても、これほど劇的ではないかもしれないが、同じようなことになっているのだろう。

滋賀県守山市には町のまん中にゲンジボタルがいる。東海道本線（琵琶湖線《びわこせん》）の新快速も停まる守山駅のすぐ裏である。

野洲《やす》川の伏流水が流れこむ守山市の水は、たしかに良い。しかしなんといっても、市の中心部である。けっして清らかな水ではない。川も町の中の、コンクリートで三面張りにされた、川というより水路である。けれど町の人々によってよけいなゴミは取り除かれ、しかも水量は多くはない。そして重要なことに、この水路にはそここに土があり、そこに草が生えている。ホタルの幼虫はこの土に上がってサナギになるのである。

経済効率だけを考えて水路をできるだけ狭く切りつめ、増水時にも耐えるように頑丈にコンクリートで固めてしまった多くの町の水路では、水は水路いっぱいに満々と流れている。これではいくら水をきれいにしても、貝は棲めないし、したがってホタルも棲めない。仮りにもし棲んだとしても、サナギになるために上陸する土がない。一見川らしくした近ごろ流行《はやり》の親水公園でも、安全と衛生のために川底はコンクリートと石で固められ、やはり土はない。これではホタルは棲めないのだ。

ホタルは昔から日本にいた。特別の場所だけにいたのではない。適当な地形を流れる適当にきれいで適当な水量の水、餌《えさ》にする貝が生きていける適当な食物、そして適当な光と適当な底質、卵を産んだりサナギになったりするための適当な場所。そんなものがあればホタルはどこにでもいた。

この「適当な」というのも、とりたててやかましい条件ではない。ホタルにかぎらず生きものたちは、とにかく自分たちの子孫を残していこうと懸命になっている。多少の条件は悪くても、何とか生きていこうとする。ホタルが一時、あれほど珍しい貴重な存在になってしまったのは、人間があまりに無茶なことをやったからである。

近年、熱心な人々の涙ぐましい努力で、日本の各地にホタルは復活しはじめた。ほんとうに喜ばしいことである。一部では今なお水辺をやたらきれいにしようとしたりしているが、一般の認識は昔とは大きく変わりつつあるように思える。

けれど海外では必ずしもそうではない。つい先日、たしかパプア・ニューギニアのホタルの木の話をNHKのテレビで見た。エフルゲンスというホタルが木に無数に集まって、一斉に同時点滅するのである。

熱帯地方でのホタルの大量同時点滅の話は有名である。こういうホタルは特定の木に多数集まり、発光の周期を合わせて点滅する。日本のゲンジボタルもそれに近いことをするが、それはいわゆる蚊柱と同じ機能をもつ。つまり、あちこちの場所で生まれてくるオスたちが、一定のものを目印にして一つの場所に集まり、そこへやはりばらばらの場所で生まれたメスたちがやってきてオスと出会うということだ。多数のオスが集まるので、メスをめぐるオス間の競争率は高まるが、メスもたくさん集まってくるので、結果的にはオス・メスの出会う確率も高くなるのである。

パプア・ニューギニアでの大場信義《のぶよし》氏の調査を記録したNHKテレビはすばらしいものであったが、最後に心を痛めさせられたのは、日本人が大きな木をみんな切って持ち去ったのでホタルの集まる木がほとんどなくなってしまった、と語った現地の人のことばであった。「大きな木」という一見なんでもないようなものの消滅が、ホタルたちの夢のような光をも消滅させてしまったのである。

環境問題とクロマニョン型文化

いうなれば今はまさに「環境」の時代である。「環境にやさしい」にはじまって、いたるところに「環境」ということばが使われ、あらゆる機会に「環境」ということばが口にされる。「環境」という名を冠した大学の学科は、いったいいくつあることか！

環境というと、いつも話題にされるのは、地球温暖化問題であり、ゴミ問題である。では、われわれはとりあえずは二酸化炭素を減らし、ゴミ問題と取り組んでいればいいのであろうか？

ぼくには問題はもっともっと深い根をもったものであるように思えてならないのだ。

すぐ頭に思い浮かぶのは、もうずいぶん前から論じられているアラル海のことである。中央アジアのカザフスタンとウズベキスタンにまたがるアラル海は、面積六万六五〇〇平方キロという世界で第四番目の大きな湖であった。

中央アジアは全般的にきわめて乾燥した地域である。そこを流れるシル・ダリヤとアム・ダリャという二つの大きな川が、アラル海を養っている。流れ出る川はないので水は蒸発によって失われるだけ。人々はこの半砂漠地帯で、古来、牧畜で生きてきた。

カザフスタンは旧ソ連の一国であった。ソ連はこの国の半砂漠にバイコヌール基地を造り、次々と人工衛星を打ち上げた。切り離された第一段、第二段のロケットが、牧畜民たちの居留地に落下してくることもあった。

この国の一部には、ソ連の原爆実験地も造られていた。そこにこんなものがあることは、その地域に住む人たちには知らされていなかった。いつのまにか、多くの人は放射能障害に苦しむことになった。

そうでない地域の人々には、牧畜をやめて農耕に移ることが推奨された。牧畜より農耕のほうが価値が高いと考えていたソ連政府は、なんとかして乾燥した土地に作物を植えようとした。

それには水が必要である。広い半砂漠地帯を流れてアラル海へ注ぐシル、アム二つの川から水を引き、それで畑を灌漑《かんがい》した。

畑は次第に立派になり、作物の収穫も上りだした。しかしその分、川は涸《か》れていった。養ってくれる水を失って、アラル海もどんどん小さくなっていった。そして数十年ほどのうちに、かつての四分の一ほどになってしまったという。

水量が減るに伴って、湖の塩分濃度も高くなっていった。もともとほとんど淡水湖であったアラル海は塩水湖に変わり、魚は死滅してしまった。

そして川から水を引いて、いわば無理をして灌漑した畑地では、砂漠緑化の試みでまず必ずおこる土の塩性化が進行しはじめた。一時は「大成功」した畑の収穫は減っていって、土地は荒れてしまった。

こうしてアラル海もその魚も失われ、土地も失われた。ソ連によって軍事用に使われた土地も、今後使えるのかどうかわからない。この地域の人々は大量に環境を失ってしまった。すでによく知られたアラル海の物語である。

ここにはじつにさまざまなことが関わっている。

牧畜から農耕へというのは、まず住民の産業と経済の問題である。ソ連の国家経済の問題も、当然からんでいる。

農耕をおこすための水は、たしかにあった。それを汲《く》み上げ、遠くまで運んで土地を灌漑するための技術も進んでいた。だから人々は、川の水をどんどん利用した。砂漠は豊かな畑となり、未来は明るいものに思われた。

しかし、その川の水がどこから、どのようにして流れてくるのか、おそらく人々はあまり考えなかったのであろう。地球科学の研究者はちゃんと調べていて、警告を発していたのだろうが、たぶんだれも聞こうとはしなかったのであろう。流れこむ川の水の量が減れば湖がどうなるかも、専門家は当然知っていたはずである。しかしそこには、あの時代のあの国の価値観があった。自然は征服して従えるべきものである。それでこそ人間たる価値が発揮されるのだ。

人々の価値観が変わるのは、容易なことではない。しかし、ものごとの大きな流れを決めていくのは、その価値観なのである。

価値観は二酸化炭素濃度のように数量的に計ることはできない。ましてやそれを時間軸のグラフにして、その変化を示すこともできない。けれど、多くのいわゆる環境問題は、そこから始まっているのである。

そもそもわれわれ人間は、何十万年か前にこの地球上にホモ・サピエンスという動物の一種として出現した時から、自然と一線を画したものとして己れの存在を認識していたのではあるまいか。

そして自然と対決し、自然界の法則に関心を抱き、何とかそれを利用して新しいものを作ろうとしてきた。そのような意味では、チンパンジーもゴリラも多少は同じことかもしれない。しかし人間は桁《けた》はずれだった。

「鳥たちの生活」

「もうすぐ八時から、NHKでアッテンボローの番組があるよ」という娘のことばに、夕食もそこそこにしてテレビのスイッチをひねった。イギリスの有名な生物映画製作者、デービッド・アッテンボローの新作、「鳥たちの生活」の日本語版『アッテンボローの鳥の世界』である。

彼がこの映画を作っていることは、たまたまホームページで知っていた。イギリスでは七月から放映を始めると書いてあったので、日本ではいつごろ見られるのかな、と心待ちにしていた。それがもう放映。日本の反応も早くなったものだ。

「だれでも鳥は好きである」というアッテンボロー。どんな映像がでてくるのだろうかと、わくわくしていたぼくの目に入ってきたのは、まず熱帯アメリカのハチドリたち。

熱帯の花の美しさとハチドリの輝き。それはすでに魅惑的なものだったが、さすがアッテンボローの製作。美しいだろう、きれいだろうでは終わらない。

奇妙な形に曲がりくねった花がある。するとそこへやってきたハチドリの嘴《くちばし》も、同じように曲がりくねっているのである。鳥はその嘴を花の中へさしこんで、蜜《みつ》を吸う。花と鳥のみごとな「共生」関係だ。

ところが自然はそんな美しいメルヘンとはちがう。鋭い嘴を花の側面から突きさし、長い長い舌をさしこんで蜜を吸ってしまうハチドリもいる。おそらく花は蜜を吸われてしまうだけで、授粉などはしてもらえないのだろう。

登場する鳥はハチドリだけではない。次にはいろいろなインコが出てくる。インコたちは蜜ではなく、実を食べる。実の中の種子は、近ごろではよく知られているとおり、鳥たちの腸を通って糞《ふん》とともに捨てられる。こうして植物は鳥たちによって種子を撒《ま》きちらしてもらうのだ。

そのために植物は、鳥がちょうど食べやすい大きさの種子をつくっている。ふつう鳥は食べたものを丸呑《まるの》みするから、鳥は甘く熟した木の実ごと、種子も呑みこみ、糞とともに撒きちらす。

ところが、とても大きな種子を含んだ大きな果実をつける植物もある。大きな果実だから丸呑みにはできない。こういう果実を食べるのは、インコの中でも大型の種類である。そして、ぼくらがうっかり咬《か》まれたら痛いがんじょうな嘴で、果実を引き裂く。そして大きな種子は口から吐き出す。これでも種子は撒き散らしてもらえるわけである。

中には果実に毒を含ませている植物もある。種子の撒布《さんぷ》を鳥に頼るのでなく、もっと別の方法をとっている植物であろう。そういう植物は、やたらに鳥に果実を食われては困る。そこで、鳥が食べたら気分が悪くなるような毒物をつくり、それを果実に含ませておくのである。

けれど、こういう毒入り果実を食べるインコもたくさんいる。彼らはどういう対応をとっているのだろうか。

解毒剤《げどくざい》を使うのである。これらの鳥たちは海ぞいのある決まった崖《がけ》に集まって、その崖の土を嘴でけずりとって食べる。この土には果実の毒を無毒化する物質が含まれているのだ。崖にはいろいろなインコがひしめくように集まって、必死で土を食べている。まずこうやって解毒剤を食べてから、果実を食べにいくのだそうである。

何という智恵《ちえ》、そして鳥と植物の何という闘い。鳥たちはどうやってこの土の解毒作用に気づいたのだろう?

とにかくこういう自然界の実態が、次から次へと展開されていく。それはただただ驚きとしかいえなかった。

ぼくがデービッドと出会ったのは、東マレーシア・サバ州の山の中であった。ボルネオ（カリマンタン）島の北部、かつて英領北ボルネオと呼ばれていた地域である。この地方の熱帯林には、ラワン材となるフタバガキ科の巨木が点々と生えている。直径数メートル、高さ六〇から七〇メートルというこの木を切り倒し、山からひきずり下ろして川へ落とし、海へ流し出す。そしてそれを何本かまとめて船で日本へ曳航《えいこう》する。かつて日本でさかんに使われたラワン材は、このようにしてアジアの熱帯林から運ばれてきた。

日本でラワン材の需要がほとんどなくなったころ、サバ州の熱帯原生林からはこういう巨木は姿を消し、あとにはこれといった用途もない木々の荒れはてた林が残った。サバ州政府はこのような林を焼き払い、有用樹を植林する計画にのりだした。そのようにしてできた広大な植林地の一つがサバ州とインドネシア領カリマンタンとの境近くにあるブルマス植林地である。

その当時、ぼくは一年おきにブルマスを訪れ、植林地害虫の研究をしていた。ある日、植林地の事務局から、イギリスのえらい映画プロデューサー一行がくるから、今泊まっているゲストハウスを明け渡してくれ、といわれた。「イギリスのえらい映画プロデューサー？　何という名前の人ですか？」「デービッド・アッテンボローという人だ」前々からぼくがぜひ会いたいと思っていた人ではないか！　アッテンボローがそこにいた。やっと会えた！

夕方ぼくは、追い出されたゲストハウスへ出かけていった。アッテンボローがそこにいた。やっと会えた！

彼は『地球に生きる』（本としては日高他訳『地球の生きものたち』早川書房）につづく作品の準備のためにここへきていたのである。昼はヘリコプターで植林地のあたり一帯を飛びまわり、どこで何を撮るかの構想を仕上げていた。

何年も経《た》ち、次の作品『生きものたちの挑戦』もできあがった。それはさらに新しい、抜群の出来だった。

その後、東京都市博のとき、ぼくはある企業グループから依頼を受け、デービッドにファックスを送った。「動物たちの都市」という映画を作ってくれませんかと。彼は快諾してくれた。撮影は南極のサウスジョージア島で行われた。けれど残念ながら都市博は中止され、この映画は一般には公開されていない。

こんなことを思い出しながら、『鳥の世界（鳥たちの生活）』を見ていると、自然というものに対するわれわれ人間の認識が、急速に深まり、そして変わってきたことがありありとわかる。

「自然とともに生きる」とはどういうことか？　ひたすらに自然の現実の姿を捉《とら》えて

いく映像の中に、アッテンボローの深い思索の歩みがにじみ出てくるように思えた。

タヌキという動物

もうそろそろ夏も終わり。タヌキの親子が餌場《えさば》にやってくる季節だ。

タヌキは夫婦で子どもを育てる、哺乳類《ほにゅうるい》には珍しい動物である。

タヌキのオス・メスのペアーができるのは、一二月の末から一月ごろにかけてであるという。その後ペアーはいつも一緒にいて、昼はぐっすり巣の中で眠っているが、夜になると食べものを探しに出る。そのときもオス・メスはもちろん一緒だ。

タヌキの出産は春である。何つがいかのタヌキをべつべつの小屋で飼って、ずっとビデオで観察し、記録した山本伊津子さんの研究によると、タヌキのオスはメスの出産にも立会う。

それも立会うだけでなく、メスの出産をオスが助けるのである。

産気づいたメスは、陣痛に苦しんでうめくように鳴く。オスはそのメスの背中をなめてやったりしていたわる。

いよいよ出産が始まると、オスは生まれた子をとりあげ、口でなめて胎膜をとり除いてやる。そして自分の腹にその子をあてて、温めてやる。

二匹目の子が生まれると、オスはまた同じことをする。

タヌキは三匹か四匹ぐらいの子どもを産むらしい。出産を終えたメスは、しばらくすると、子どもを巣に残して餌を食べにいく。留守を守るのはオスである。オスは授乳はできないから、子どもたちを腹にかかえ、体をくるりと丸くして、子どもが冷えないようにする。

出産から一カ月ぐらいの間、オスはこうやって子どもを温めつづける。その間、メスはしばしば巣の外に出て餌をあさるが、オスはほとんど外出しないし、したがって餌もとらない。飼育しているタヌキには好物のニワトリの頭などを与えていたが、オスはそれをメスが食うがままにして、自分では食べようともしない。だから子どもが外に出始めるころには、オスはゲソゲソにやせてしまう。

同じイヌ科のオオカミなどは、オスは出産に立会うことも出産を助けることもしないが、大きな餌をくわえて巣に持ち帰り、メスにそれを与えるという。そのためメスは餌あさりのために巣を空けることはない。

けれどタヌキはそういうことはしない。餌あさりにいったメスは、自分が食べてくるだけで、留守番役のオスに餌を持ってきてやるわけではない。

タヌキはなぜこんな生きかたをしているのであろうか？

山本さんは次のように考えている。タヌキは雑食性で、大きなえものを斃《たお》すようなことはしない。だからメスはえものを巣に持ち帰ることはできないのだ。

そして、いろいろな動物にみられるような、いったん胃に収めた食物を、巣に帰って吐きもどし、それを子どもにやる、という習性も生理的なしくみも、タヌキにはそなわっていない。

おまけにどういうわけか、タヌキの子は体温調節能力があまりちゃんとしていない。だから巣の中に子どもたちだけで放置されたらば、体が冷えて死んでしまうのである。そこでオスが、子どもの保温を引き受けねばならないのだ。子どもに授乳するのはメスであり、そのためにメスはせっせと餌を探して、乳がでるようにしなくてはならない。だからメスもたいへんなのである。けっして外出して遊んで歩いているわけではない。

とにかく、おそらくはそういうわけで、タヌキの家族ぐるみでの育児という方式が生じたものと考えられる。

秋になるとしばしば新聞などでも話題になる、庭先へのタヌキ一家の訪問は、なんとなく温かい家庭というイメージを与えるほほえましい光景である。人間の家庭もかくあるべしと説きたくなる人もあるだろう。

けれど、タヌキはけっしてすべてに心やさしい動物というわけではない。秋も深まり、子どもたちも成人したころになると、親ダヌキたちは冷たく子どもたちを追い払う。いわゆる子別れの儀式のようなものがあるかどうか、ぼくは知らないが、この時期になると家族は解体し、若い大人たちは見知らぬ場所へ追い出される。高速道路でのタヌキの事故件数がぐっと増えるのも、この季節である。

そしてオスとメスのペアーも別れ別れになり、それぞれまた新たなペアーを求めてさまようことになるらしい。

タヌキは昔から人間に近いところに生きているので、いろいろなことが知られている。「タヌキの溜《た》め糞《ふん》」もその一つだ。

タヌキはなわばりというものをつくらず、かなりの数のタヌキが同じ地域に住んでいる。それぞれのタヌキないしそれぞれの家族には、それぞれのホーム・レンジ（行動圏）というものがあるが、このホーム・レンジはある場所ではいくつも重なりあっている。

タヌキの溜め糞はこのような場所にできる。高さ二〇センチから三〇センチの糞の山ができているのである。夏の間は、糞虫《ふんちゅう》と呼ばれるコガネムシたちがここに集まってきて、食べたり埋めたりするので、溜め糞はあまり大きな山にはならないが、冬にはかなりの高さになる。

このタヌキの溜め糞とはいったい何なのだろうか？　山本さんは実験的にそれを探ってみた。ぼくもいろいろ手伝った。

まず、京都大学のタヌキ小屋の中にできた溜め糞を取りのけ、その場所をきれいに洗ってしまった。

するとそこに飼われていた夫婦のタヌキは大困惑に陥った。糞ができなくなってしまったのである。数日間苦しんだすえ、一匹がついにある一隅にチョロッと糞をした。そうしたらもう一匹がとんできて、さもうれしそうにその糞の匂《にお》いを嗅《か》ぎ、自分もその上に糞をしたのである。こうして新しい溜め糞が生まれた。

タヌキは溜め糞の近くを通ると、必ず近寄ってクンクンと匂いを嗅ぎ、そして自分もそこに糞を重ねる。溜め糞はタヌキたちの情報交換の場である、というのが山本さんの発想であった。

それを確かめるために、あちこちからよそのタヌキの糞をもらってきて、小屋の中の溜め糞場に置いてみた。

タヌキは見知らぬタヌキの糞を長い間嗅いだ。そして自分の尿をかけたりした。しかし二日目、三日目になると、クンクンではなく、クンと嗅ぐだけになった。ああ、あいつのか、といわんばかりの表情であった。

外来生物

八月の末、石川県白山《はくさん》の麓《ふもと》でおこなわれたある小さい研究会のあと、ぼくはまたまったく別の目的で近くの池や沼をほんとに駆《か》け足で見てまわった。ごく最近、海に近い砂丘の山を切り開いたところには、どこからどうして湧《わ》いてくるのかわからない水が小さな湿地をつくっていて、そこにハッチョウトンボがいた。

ハッチョウトンボは日本最小の珍しいトンボで、湿地に生えた草の、あちらに一匹、こちらに一匹ととまっていた。体長はわずか二センチほど。案内してくれた石川県農業短大（現石川県立大学）の生態学の教授でトンボが専門の上田哲行氏のいうとおり、なぜそんなに小さいのかわからない。小さなトンボだから飛翔力《ひしようりよく》もないのだろう。日本のあちこちに見られるけれど、どこでもごく局地的にしかいない。

けれどぼくらが訪れたその湿地は、きわめて新しいものである。そこにいつのまにか姿を現わして棲《す》みついているということは、どこかからやってきたのにちがいない。飛翔力がないといいながらやはりあちこちと飛びまわって、たまたま自分たちの棲めそうな湿地をみつけたら、そこに定着するのだろう。

生きものたちは、大昔からそのようにしてあちこち動きまわり、その結果として今いる場所に棲むようになったのだと考えられる。

ハッチョウトンボの湿地から、ぼくらは有名な鴨池《かもいけ》へいった。そこはかなり大きな天然の池であって、季節を追っていろいろな水鳥たちがやってくる。もちろんシベリアから渡ってくるカモも姿を見せる。けれど彼らは、遠くシベリアからこの池をめがけて飛んでくるわけではあるまい。日本へ渡ってきてあちこち飛んでいるうちに、この池をみつけるのであろう。もちろん年長の鳥たちは、このあたりの土地についてかなりの記憶をもってはいるだろうけれど。

そのあとぼくらは海岸にでた。日本海に面する岩山地帯を抜けると、塩屋の浜という砂浜地帯である。ぼくはそこでふしぎなものをみた。

砂浜にはいわゆる海浜植物が生えている。動きやすい砂の中に深くしっかり根を張り、潮風に負けないがんじょうな葉や茎をした草たちがあちこちに広がっている。ちょうどハマゴウのうす青い花の花ざかりであった。

そのような海浜植物が砂の上に張りめぐらしている茎の上にからまっている、何か黄色い糸くずのようなものが目に入った。何だろう、これは！

ずっと昔からの浜辺での記憶をたどってみても、海岸の草の上にこんな糸くずのようなものを見たことはなかった。

糸くずとはいえ、それはまぎれもない植物の細い茎だった。黄色い糸のような茎には、直径三、四ミリほどの小さな鈴のような形の白い花がいくつもいくつもついている。そしてその花に体の細長いハチがたくさんやってきて、忙しそうに蜜《みつ》を吸いまわっている。

ミツバチやハナバチではない。どう見てもドロバチのような狩りバチとしか思えないハチたち。そして彼らがわれ先にと群がっている花のついた茎には、葉のごときものが一枚もない。

狐《きつね》につままれたような気持でこの糸くずを集め、大学へもって帰って植物生態学の荻野《おぎの》和彦《かずひこ》先生にたずねたら、それはアメリカネナシカズラという外来の寄生植物であった。他の植物に寄生してそれから養分を吸っているので、葉は要らないのである。

名前のとおりアメリカから、一九六〇年代に入ってきたという。だからそれほど新顔ではなく、今ではもう日本のあちこちに広がっているらしい。ぼくが知らなかったのが恥ずかしいくらいだ。

しかし、外来の植物は驚くほど多い。宵待ち草としてすっかり日本の花になってしまっているオオマツヨイグサも、もとはといえば外来植物である。最近でよく知られているのはセイタカアワダチソウ。これはわざわざ種子を撒《ま》いたともいわれているが、ぼくはあまりよく知らない。

外来の生きものは動物にもたくさんある。昔から有名なのは食用ガエル。これはアメリカで食用にされているウシガエルを日本で養殖しようとして、かつて東大のある先生がたぶん善意で持ちこんだものだ。それが逃げだして、そこらじゅうに殖えて、どの池にも棲みついてしまったのである。

この食用ガエルの餌《えさ》として同時に輸入されたアメリカザリガニも、今ではほとんど日本じゅうに広がって、もともと日本にいたニホンザリガニをほとんどすべて滅ぼしてしまった。

第二次大戦後、アメリカ占領軍の物資についてきたのだと考えられているアメリカシロヒトリという白いガは、あっというまに日本の東北地方から北九州までの都市に広がり、その幼虫の毛虫が街路樹や庭木を荒している。

琵琶湖《びわこ》は今、外来魚のブラックバス（オオクチバス）とブルーギルにほとんど席捲《せっけん》され、もともと世界で琵琶湖にしかいなかった魚たちはほとんど姿を消してしまった。

アメリカネナシカズラは海浜にしか生えないからまだいいのかもしれないが、たいていの外来動物や多くの外来植物のように、日本の動物や植物を滅ぼしてしまうものは、たいへんに困る。これは日本だけでなく、世界じゅうで大きな問題になっている。イギリスの大生態学者であるチャールズ・エルトンは、もう何十年も前に『侵略の生態学』という本を書いている。

しかし、今流行《はやり》の国際化と関係があるのかどうか知らないが、花屋にいけばすぐわかるとおり、ほとんどの花は外来である。そしてここでほんの少し例をあげたとおり、意図されて、あるいは知らぬまに日本に持ちこまれた外来生物は、昔から数かぎりない。それがどのような結末を産むかはもう十分わかっている。生きものたちは、自分たちが棲める場所をみつければ、もともとの日本の生きもののことなどおかまいなく、どんどん子孫をつくっていこうとするものだからである。

最近のカブトムシやクワガタムシのブームに乗って、かっこいい外国のカブトムシやクワガタムシを輸入することが許可された。そしてもう現実に、山の中で外来のクワガタムシやカブトムシ、そしてそれらとの雑種がみつかっているという。今ごろなぜこんな許可が下りたのか、まったく理解できない。

季節

今年（二〇〇〇年）は暑かった。北海道でも三五度という日が何日もあった。しかも日本の各地でその暑さがいつまでもつづいた。京都にいると、しみじみとそれを感じてしまう。

本来、京都の祇園祭《ぎおんまつり》は、長いじめじめした梅雨が明けて、一気に夏の暑さがやってきたときにおこなわれるもの。そして八月一六日の大文字の送り火がすむと、山はすっかり秋めいて、風も涼しくなるものだ。そういうようにぼくは聞いていたし、ほんとにそうだと思っていた。

けれどこのところ何年か、大文字がすんでもさっぱり涼しくならない。いわゆる残暑がいつまでもつづいた。今年の九月の暑さには驚くほかなかった。そして一〇月に入っても、なお昼間は暑く、いつまでも半袖《はんそで》のワイシャツを手放せなかった。

そういえば、今年の台風も変だった。昔は台風一過ということばどおり、はげしい風と雨の不安な一夜が明けると、翌日はうそのような秋晴れになったものだ。「野分《のわき》の朝」という表現がじつにぴったりだと思ったことも多かった。

今年はしかし、そうではなかった。台風は何日も奄美《あまみ》や沖縄に居すわり、本土の天気もぐずついたままだった。そして台風は北東に去りました、というテレビの気象情報にもかかわらず、晴天はやってこなかった。そして暑さは相変わらずだった。

「今年は異常ですね」とか、「このごろ季節がおかしくなってますね」とかいうのが、日常のあいさつのようになった。そして会話のいきつく先はたいていこういうことになる。「やはり温暖化のせいでしょうか」

こうなると、さまざまな疑問がでてきてしまう。

今年は異常ですね、というけれど、そもそも平常な年なんてあるのだろうか？　このごろ季節がおかしくなってますね、というけれど、暦どおりに季節が進行した年なんてあったろうか？　花冷えの年もあったし、空梅雨の年もあった。冷夏の年も暖冬の年もあった。毎年どこか異常なのだ。

一〇月に入ると、北海道には雪が降った。夏は異常に暑かったけれど、雪の季節はちゃんときたらしい。結局のところ、それほど異常でもおかしくなってもいないのではないか？

あるいは次のような言い方もできる。気候は毎年「異常」なのだ。それを平均したものが「平年並み」なのである。これはきわめて常識的なことであって、今さらいうべき必要もない。ぼくらは、「平年」ということばに異常に執着しているのだろう。

たまたま話題がこのことに及ぶと、いつもぼくは小学校のころのある体験を思いだす。どういうきっかけだったか憶《おぼ》えていないけれど、クラスで人間の平常の脈搏《みゃくはく》は一分間に七五だという話になった。担任の先生の「じゃあ計ってみよう」という言葉に、みんな神妙な顔をして、一分間自分の脈搏を数えた。七二、七六、七七、七三、七四、七八、などとさまざまな答えが出た。けれど七五というのは一人もいなかった。「わかったろう？　こういうものだ」という先生のことばが、じつによくわかった。

「温暖化」ということばには、ぼくはまたべつの疑問を感じてしまう。

近年、地球は温暖化しており、その原因は二酸化炭素だということが一般に言われている。もう少し正確には、原因は二酸化炭素だけではなく、メタンなども含めた「温室効果ガス」というべきなのだ、と教えてくれた人もいる。そしてメタンは植物が分解するときには必ず発生するし、牛のゲップにも含まれているのだそうである。

いずれにせよ、とくに問題にされるのは二酸化炭素である。人間が石炭や石油をどんどん使って二酸化炭素を排出するから、大気中の二酸化炭素濃度が急激に上昇し、その結果、二酸化炭素の温室効果によって地球が温暖化しているのだ、とされている。

地球が温暖化すれば、南極や北極の氷が融《と》け、海面が上昇して、あちこちの島や沿岸低地の町が水没する。植物の生長が変わり、生態系は破壊される。その他その他。温暖化の影響ははかりしれないものがある。

これは由々しき事態である。何とかして二酸化炭素濃度の増加を食いとめねばというので、かつて京都でCOP3という会議（正式には気候変動枠組条約第三回締約国会議というそうだ）が大々的に開かれた。二酸化炭素濃度の増加を食いとめることには、だれも異存はなかった。けれどいざ実行段階の議論となると、どの国も自国の経済レベルの低下を懸念《けねん》した。結果的には、二酸化炭素濃度は少しも下がっていない。

実際、南極や北極の氷は融けており、氷河も各地で急速に融け始めている。地球大気の二酸化炭素濃度は急激に上昇をつづけている。日本でも冬の降雪量はこのところ極端に減っている。温暖化はたしかにおこっているようだ。

ぼくがわからないのは、この温暖化の根本的な原因が人間による二酸化炭素排出にあるのか、それとも昔からおこっている地球のなかば周期的な気温変化によるものなのか、ということである。このことについてはさまざまな研究結果や見解が次々に発表されており、ぼくにはどの考えをとったらよいのか、正直なところわからない。

いずれにせよ、二酸化炭素が温室効果をもつことはたしかである。たとえ温暖化が地球の「周期的」な変化によるものだとしても、だからこのまま二酸化炭素放出をつづけてよいというものではない。けれど、もし周期的変化だとしたら、ぼくらはこの事態にどう対処したらよいのか？　相手はまったく自然の変化なのだから、人間の力でそれを食いとめたり逆転させたりすることはできない。かといって島や低地の水没を手をこまねいて見ているわけにはいかない。

とにかく「季節」というものは何よりもまず自然に関わる問題なのである。そしてそれに人間の認識や記憶がからむ。昔は、といったって、それはたしかなことなのか？　しかもそれはせいぜいこの二、三千年、じっさいにはもっと短い期間のことにすぎない。北極のスピッツベルゲン（スヴァルバール諸島）にも昔はうっそうと木が茂っており、それが今は石炭となって掘り出されている。そこでお土産として買ってきた石炭のかけらを見るたびに、ぼくは季節とは何なのかと考えてしまうのだ。

冬の蛾《が》

一一月ともなると、日もめっきり短くなり、まだ夕方の六時を少しまわったころなのに、あたりはもう暗い。空気もさっきまでの暖かさはどこへやら、夜に入ったらひんやりと冷たい。ああ、今年もいよいよ冬が来たんだなと思う。

そんな時期、ぼくが毎年気づいていることがある。それはこんな季節はずれの夕暮れどきに、意外とよく蛾の姿を見かけることである。

蛾といっても、みんな小さな蛾だ。夏や秋のように、派手にとびまわったり、翅《はね》を大きく広げて人を驚かしたりすることはない。家の門灯の近くに静かにとまっていたり、街灯の明かりの中を頼りなげに飛んでいるのがふと目についたりするくらいだ。

たまたまきのう、日本鱗翅《りんし》学会という蝶《ちょう》と蛾の研究者が集まる学会の懇親会場へいこうとして、千葉都市モノレール千葉みなと駅で下車、下の道路へ階段を降りていく途中、小さい黄色の蛾が一、二匹、植えこみの木のあたりを飛んでいるのに気がついた。

この六年間、日本鱗翅学会の学会長をしていたにもかかわらず、ぼくは蛾の名前には弱い。だから、いつどこで見かけた蛾も、名前のわからぬまま、「一匹の小さな蛾」としかいいようがないのである。

しかし、常識からすれば蝶や蛾の季節はとっくに終わってしまっているはずのこんな初冬に、意外に多くの蛾を見るということはやっぱりふしぎである。

サクラやウメの、いわゆる狂い咲きとはちがう。そのような蛾は、毎年この季節になると、きちんときまって姿を見せる。特定の場所でだけというわけでもない。

近ごろ話題の「温暖化」のせいでもない。もうずいぶん昔に、作家・堀辰雄《たつお》の『風立ちぬ』の終りのほうに、冬の蛾のことが書かれている。しかもそれは八ヶ岳山麓《さんろく》の、冬は寒い山の中での話である。

秋おそくには、テントウムシそのほかの甲虫《こうちゅう》やカメムシなどが、冬越しの場所を求めてあちこちと飛びまわる。けれど初冬の蛾はそれとはちがう。それらの虫たちは、天気のよい日の昼間、晩秋とはいえ暖かいときに飛ぶのであって、蛾たちのでてくるひんやりした夜になったら、もうじっとして動かない。

じつは昔から冬の蛾というのがけっこういろいろといるのである。いつも例にあげられるのがフユシャクとフクラスズメだ。

フユシャクとは冬のシャクトリガという意味である。シャクトリガはよく知られているシャクトリムシの親で、シャクガ科という一つのまとまったグループに属しており、翅の形や翅脈《しみゃく》にグループ共通の特徴がある。大部分のシャクガは春から秋にかけて現われるが、ごく一部は何を好んでか冬に親の蛾になる。ややこしいことに、シャクガ科にはエダシャク、ナミシャクなどいくつかのサブグループがあり、一口にフユシャクといっても、フユエダシャク、フユナミシャクなどいろいろなものがいる。

しかしいずれにせよ、フユシャクと総称される連中は、春から夏にかけて幼虫が育ち、サナギでじっと待っていて、一二月から二月という、まさに冬のさ中に親の蛾になるのである。そして夜、メスは他の多くの蛾と同様、性フェロモンを放出してオスを誘い、オスはそのフェロモンの匂《にお》いを頼りに、寒い夜の中を弱々しく飛んでまわる。

寒い冬の夜を選んだのは、きっと小鳥のような敵がいないからだろう。蛾にとって最大の脅威であるコウモリも、冬は冬眠している。しかし寒さだけはどうしようもない。フユシャクの中には翅のないメスもいるが、かつてフユシャクの生活を研究した矢島稔《みのる》氏によると、フユシャクのメスに翅がないのは、翅をなくすことによって少しでも体温の喪失が防げるからだという。けれど、飛びまわってメスを探すオスは、翅をなくすわけにはいかない。きっと他の冬の蛾たちと同じく、寒くても飛べるような生理的しくみを身につけているのだろう。

フクラスズメというのは、本来は冬に寒くて羽毛を立て、体がふっくらふくらんでみえるスズメのことであるが、今ここでいうフクラスズメはもちろん鳥のスズメではない。れっきとした蛾の一種である。ただし、その名に反して、スズメガの仲間ではなく、ヤガ（夜蛾）の一種である。黒ずんだ翅に青い紋のある、なかなかきれいな蛾だ。

フクラスズメの幼虫は、かなり大きな、細身の毛虫である。ヤブマオ、カラムシというような草の葉を食べているが、何かに驚くと、とたんにしっぽの先の肢《あし》だけで葉のへりから逆さにぶら下り、体をはげしく揺らす。思わずこっちもびっくりする。それがこの幼虫のつけ目で、そうやって敵から逃れるのだと考えられる。いずれにせよ、あまり好感のもてる虫ではない。

晩秋、幼虫はサナギになり、まもなく蛾になる。冬の夜、灯火に飛んでくる蛾の中で、いちばん目立つ種類である。堀辰雄の見たのもたぶんこの蛾だろう。

晩秋、比較的早い時期に蛾になったものは、まだ活動しているコウモリの犠牲になる。琵琶湖《びわこ》の海津大崎《かいづおおさき》の小さな洞穴で、コウモリがくわえてきて食べたと思われるフクラスズメの翅の残骸《ざんがい》を、何十もみつけたことがある。胴体だけを食べられた翅が、ほとんど無傷のまま洞穴の床の上に散らばっていた。

わざわざ寒い冬に現われるこういう蛾は、自分たちの発育のサイクルをそのように組みたてているのである。「The Last Rose of Summer」(「庭の千草」)という歌にあるバラのように、たまたま「ひとりおくれて咲いた」わけではない。積極的にそうしているのだ。

幼虫は春に育つのに、親の蛾はやはり一〇月から一一月初めにかけて現われるミノウスバやウスバツバメという蛾も、暑い夏の間はサナギになる寸前の前蛹《ぜんよう》という状態のまま、まゆの中でじっと待っている。その生理的しくみがどのようになっているのか、まだあまりよくわかっていないが、サナギになったり、親(成虫)になったりするためのホルモンが他の虫とちがうとは考えられない。それらのホルモンが体内で生産されたり、分泌《ぶんぴつ》されたりするきっかけとなる温度や日長が、季節の推移とうまく合致するように、遺伝的にセットされているのである。

年賀状とY2K

正月になると、毎年、年賀状をたくさんいただく。前からよく知っているのにちっとも会う機会がなく、どうしているかなと思っていた人からのが、とてもうれしい。年賀状是非論、年賀状不要論はいつもくり返されているが、ぼくは素直に年賀状には一般的に賛成である。どこで何の折に会ったのかわからない人からのはかなり困るが、でもとにかく年賀状を、という気持はよくわかる。

このごろはほとんどなくなったが、昔はよく、「今年はいろいろお世話になりました。来年もどうぞよろしく」というのがあった。思わず笑ってしまうのだが、よく考えてみるとあまりかんたんなことではない。その人がその年賀状を書いているのは明らかに前の年である。「今年はいろいろ……」と書いて、何が悪いのだろうか？

ある年の一二月三一日の二三時五九分五九秒の次は、突然に新年になる。二〇〇〇年にはそれがもっとはげしく、その時点で突然に世紀が変わり、新しい二一世紀になる。でも、この一秒の間にぼくは何にも変わっていない。二〇世紀から手にしていたウイスキーのグラスを、また傾けるだけである。

あたりの様子も何一つ特別のことはない。急に風が吹きはじめるわけでもなく、吹きやむわけでもない。犬たちが一斉に吠《ほ》えだすわけでもない。変わるのはテレビだけである。

毎年ぼくら一家はそんなことをいいながら「新年」を迎えていたわけだが、一年前の「二〇〇〇年問題」のときはだいぶちがっていた。今さらのように思いだしてみると、あれはかなりの話題であり、世界じゅうの人々の関心事であった。

その二、三年前からコンピューターのY2Kつまり「Year2000」問題がとりざたされ、関係のある人々や企業は神経を使いはじめた。けれど、ぼくが思っていたほどには、対策は急速には進んでいなかったらしい。一九九九年の四月の末、つまりその問題が危惧《きぐ》されている時点まであともう半年ほどしかないときに、アメリカの科学専門誌「サイエンス」に「Y2K問題」という記事が載っているのを見て、ぼくはアメリカにして何を今ごろと思ったほどであった。

そこにはいろいろな対策がそれほど進捗《しんちょく》していないことへの警告も書かれていたし、そのとき以降、アメリカの近代社会はパニック状態になるから、自分は今からもう山の中へ移り住んで、自然の中での生活に戻る、という人々がいるとも書かれていた。

それを宣伝して、山中の土地を売りつけている業者がいるとも書かれていた。しかし、もちろんこれはオーバーであると筆者はいい、おそらくそれほどの大惨事はおきないであろうし、飛行機が落ちることもないであろうと述べていた。

しかしその記事をしめくくる筆者の言葉はぼくの心に残った。すなわち、「このような混乱と危機感を招いたのは、二〇世紀の技術（テクノロジー）の怠慢である」

その後、世界じゅうでいろいろな努力がつづけられた。日本でも電力会社やコンピューター関連企業はみなY2K問題対策室をつくり、全力をあげて対応した。

けれど二〇〇〇年一月一日が近づくにつれ、話題はますますさかんになり、年末になると、どこどこの航空会社は年を越すフライトは欠航することにしたとか、フライトはとりやめず社長や重役がその飛行機に乗って飛ぶ、とかいう情報も流れてきた。ある航空会社は大晦日《おおみそか》から新年へかけて飛ぶフライトは格安にしたそうだとのうわさもあったが、実際にそのチケットを買って国へ帰るという留学生がいるということも聞いた。

こういう何が何だかわからない話も含めてさまざまなことがとりざたされている中で、日付は着々と進んでいき、問題の時が近づいてきた。するとそれに伴なって、またいろいろな勧告が、半ば公《おおや》けに、半ば伝聞として広がっていった。――その時は深夜〇時とともに電気がとまる。だから大型の懐中電灯とそれ用の電池を用意しなさい。一旦《いったん》停電すると何日かは復旧しないから、電池はかなりの量が必要です。そして電気がとまるとガスもとまりますから、暖房もなくなります。石油ストーブを用意しておきなさい。食料も、加熱しないで食べられるものを。もちろん水も相当量備蓄しておいて下さい。

ほんとかな？　と半信半疑ながら、でももし現実にそんなことになったとき、それ見たことかと笑われるのもいやだからと思って、町へ買いに出た。電池はどこの店も売り切れだった。大型懐中電灯も。電池はとくにそれ用の単一と単二はまったくなかった。何となく焦《あせ》りを感じる気分になる。そして乾パンなどが山積みになって売られていた。数日後またいってみると、電池はたっぷり並んでいたが、明らかに不安な気持はかきたてられていた。

いよいよその日、テレビでは紅白も終わり、つづいて二〇〇〇年を迎えるカウントダウンが始まった。Y2K問題にはひとことの言及もなく、「いよいよ今世紀最後の二〇〇〇年です！」という華やかな雰囲気が溢《あふ》れていた。

じつはぼくは、これだけ問題になった二〇〇〇年の到来のとき、ほんとうに何がおこるか記録しておきたかった。ガウンのポケットにテープレコーダーを潜め、何食わぬ顔をして家族と一緒にテレビの前のテーブルにつき、いつもと同じくウイスキーのソーダ割りを飲みはじめた。〇時五分前、ぼくはトイレへいって、テープレコーダーのスイッチを入れ、また何食わぬ顔をしてテーブルへ戻ってきた。「ほんとに電気とまるかしら?」「まず大丈夫だと思うな」などという家族の会話の中、テレビのじつに明るくにぎやかなカウントダウンがはじまった。「三、二、一、ポーン」「二〇〇〇年です。おめでとう!」電気はとまらなかった。

今思うと、じつにばかげたことである。そして、二一世紀を迎えるにあたって、人々はもう完全に一年前のことを忘れてしまっている。

Y2K問題以来、ぼくはそれ以前とたいして変わっていない。少し年をとっただけである。

日付が変わり、年が変わり、世紀が変わるのは、人間の問題でなく技術の問題であるということを、Y2K問題はじつによく教えてくれたような気がする。

一八歳

今年も大学入試の季節になった。

東京のホテルが受験生で満杯になったりしていたひところとは、だいぶ様子がちがってきたような気もするが、それでも合格弁当とか必勝弁当とかを用意するホテルもあるようだ。

一月二〇日、二一日の入試センター試験がすむと、受験生たちは自分の目指す大学の入試に臨む。入試のやりかたも変わってきたし、いろいろな方式の推薦入試もおこなわれているが、いずれにせよ、運よくストレートで合格した者は、一八歳で大学に入る。

一九九八年、ぼくが六八歳になった年の四月、学長として入学式の「訓辞」をした。入学生の大部分は一八歳。学部、学科によって多少ちがうが、全体としてみれば男女はほぼ半々である。

この三月まで高校生だった、文句なしに若い学生たち。それを壇上から見渡すぼくはもう六八歳。思わず「ああ、五〇年、半世紀ちがうんだ！」と、驚きというより恐怖にも似た感慨を覚えた。

入学式に出席した同年輩の先生方も、同じ気持を味わったらしい。式のあと、「五〇年もちがう新人類だから、もう私らにはわかりませんね」と言った先生もいるとか。でもぼくが感じた恐怖にも似た気持は、それとはちがう理由からであった。ぼくが感じたのは年齢の差だけであって、わかる、わからないということではなかった。

一九五九年、まだ二九歳だったぼくは、やっとのことで東京農工大の先生になった。そのとき以来、ぼくは毎年毎年、一八歳の新入生と出合っている。一年経《た》つごとにぼくは一歳ずつ年をとるのだが、入ってくるのはいつも一八歳だ。

新入生との年齢の差は着実に増えていき、あるときあたりから、新入生の父親がぼくより若い場合にも出合うようになった。三年前にぼくが感じたのは、そういう意味での恐怖だったのである。

ぼくが農工大から京大に移ると、事情は少し変わった。京大では新入生は教養部にいて、直接ぼくらと接することは稀《まれ》だからである。そして京大を定年になり、滋賀県立大学の学長として講義ももつようになると、また一八歳の学生と話すことになった。

そうやって学生たちと話しているうちに、ぼくはある重大なことに気がついた。

ぼくも一八歳で東大理学部の動物学科へ入学した。こんな学部をえらんだのは、ぼくが子どものころから漠然とながらいずれは昆虫学をやろうと思っていたからである。高校に入り、大学受験が近づいてくると、ぼくのやりたいことができそうなところは、東京では東大動物学科ぐらいしかないらしいことがわかってきた。それでぼくは東大を受け、今のように入試センター試験や偏差値による「輪切り」もなかったので、運よく入学することができた。

入学した一八歳のぼくは、いろいろな困惑を味わった。大学で動物をやりたいと思っていたのに、講義はむずかしい。こんなことでついていけるだろうか？

それに動物学とはぼくが思っていたのとずいぶんちがうようだ。こんなことをずっとやっていけるだろうか？

大学というものの雰囲気も、想像とはちがう。先生方もそうだ。こういうのが大学教授というものなのか？

どんどん不安が募ってくる。大学に対する不満もたまってくる。こんなことで将来どうなるのだろう？

でもぼくの中には将来に対する憧《あこが》れも願望もあった。子どものころから思っていたのだから、ぼくはやっぱり動物学をやりたい。ちゃんとした動物学者になって、立派なしごとをしたい。でもそれができるだろうか？　不安だ。ぼくは道をまちがえたのではないだろうか？　いや、けっしてまちがってはいない。辛抱が大切だ。でもやっぱり不安だ。

毎日、といったら大げさかもしれないが、実質的にはたえずそういう不安と不満と願望とが交錯して、困惑といったらこれも大げさだが、思いめぐらすことの多い日々の連続であった。

そんな時代からもう五〇年。今、学長として一八歳の学生たちと、ときにはとりとめもない話をしているうちに気づいたのは、彼らもまったく同じような気持でいるということだった。ぼくは五〇歳という年齢のちがいを飛びこえてしまった。

自分が一八歳であったときを思いだしてみれば、感じているのは同じことなのだ。自分が何かをやりたいと思う。それに従って大学や学部をえらぶ。けれどいざ入ってみると、どうも自分の思ったのとはちがう。そこから困惑が始まる。このパターンは何一つ変わっていないではないか！

昔にくらべて今は情報が多い。大学の数もうんと増えたし、いろいろとおもしろそうな学科もたくさんある。ふんだんに配られる美しいカラーとデザインの大学パンフレットには、気を引くような講義名がずらりと並んでいる。オープン・キャンパスもあるし、いろいろな説明会もある。大学の親切なホームページもある。だから受験生たちは、それらの情報をこと細かに探って歩く。けれど、いざ入ってみると、現実は相当にちがうのだ。

女でも男でも、一八歳といえば体はもう一人前の大人である。メンタルにもそうだ。異性を求めて自分の子どもをつくり、それを育てようとする年齢だ。

そのためには何かしごとをせねばならぬ。それも収入のために強制されるのでなく、何かしごとをしたい。かつての時代なら、狩りにでかけてみごとなえものをしとめたり、おいしい草や根を探したりしたかっただろう。今は、探そうとするものがちがう。研究であったり、デザインであったり、作品であったり、人さまざまだ。けれど、その動機と心情は同じである。

そのためには技術も経験もいる。それを学びたいのである。一八歳とはそういう年齢だ。

今の時代になって、表面的なものは変わったかもしれないが、人間という動物の発達過程の遺伝的プログラムは、さほど変わっているとは思えない。そういう願望を三歳でもつ子が現れるとは考えられないし、八〇歳になってやっと、ということにもならないだろう。そう考えてみると、五〇年前も今も、一八歳は同じなのである。

大学って何？

いよいよこの三月の末で、ぼくの滋賀県立大学学長の任期が終わる。一九九五年、開学に伴い、開設準備顧問から初代学長になって以来もう六年。学長の任期は四年、再選された二期目は二年、最大でも合計六年を越えて在任してはならない、という準備委員会時代につくった学則により、退任することになるのである。

一九五九年の一月、大学卒業後七年目にしてやっと農学部講師として拾ってもらった東京農工大に一六年、その後京大での一九年、そして滋賀県立大学の準備期間二年と開学後の六年を合わせると、四三年にわたって大学というところにいたわけだ。今それを離れることになると、さすがに感慨無量である。

いろいろなことを思い出してみると、ぼくはこの四十数年の間、ずっと「大学とは何なんだ」という疑問を抱きつづけていたような気がする。

大学院時代とその後の研究生時代をすごした東大理学部から東京農工大に就職したころ、ぼくはこれが大学か？　と思った。見るもの聞くもの東大とはぜんぜんちがう。

大学は東大しか知らなかったぼくは当惑した。

講義で教えられるのは、畑に株間どれくらいで植えつけるか、どうやったら機械で田植えができるかとか、実技に関することばかり。これでは大学ではなくて専門学校ではないか。

しかし間もなくわかったのは、学生たちはこういう専門知識ばかりでなく、たえず新しいものの見方、思いもかけなかった視点を熱烈に求めているということだった。ぼくは担当の動物学の講義で、生物の体は細胞からできている、などという生物学入門でなく、体が原始的でまだ肛門《こうもん》のないクラゲやイソギンチャクのような腔腸《こうちょう》動物がなぜ今もあんなに繁栄しているかというようなことを話した。それは学生たちにきわめて新鮮な知的楽しさとして受けとられたらしい。

けれど、そのときぼくは、学生たちを教育しようなどとはまったく思っていなかった。だが、そういう話をしているぼくも楽しかったし、聞いている学生たちも楽しかった。教室は満員で、質問も次々にとびだした。今はもういい齢《とし》になっている当時の教え子が、何かの会議などでひょっこり、それこそ二十何年ぶりで会ったとき、「先生のあの講義はおもしろかったです。詳しいことは忘れてしまいましたが……」といってくれる。

じつは「教育」ということについては、ぼくはそのころすでに否定的な気持をもっていた。

当時は米・ソの冷戦のまっ最中。ソ連は工業技術国になろうとして国民の教育に猛烈に熱中していた。そのソ連がスプートニクを飛ばすと、アメリカも教育体系を徹底的に変えた。もちろん日本もそれに追随して、明治以来の教育にますます力を入れていた。

大学の先生をしている以上、ぼくもいわゆる「教育者」である。その教育者として、このような世界の教育を見ていると、何か寒々とした気がしてきたのである。

どの国家であれ、国がやろうとしている教育は、要するにその国の支配者が、自分たちの権力を維持するための「人材」を、できるだけ効率よく作りだそうとしているだけのことではないか。

それはその国の政治体制とは関係ない。それぞれ自分の国の体制に役立つ人材を育成しようとしている点で、何の変わりもない。

自分のまわりを見ても、それは明らかだった。工業立国と、公共事業による国土改造を目指していた日本政府は、日本の技術化、工業化に役立つ人材を作りだそうと懸命になっていた。それに貢献するとは考えられない動物学などという学問は、問題にもされなかった。

社会主義、共産主義を信奉するいわゆる「民主的」、「進歩的」な人々も、その点では何ら変わるところがなかった。いずれは社会主義の時代がくると信じている人々は、そのときに役に立つ人材を作るため、「教育」に情熱を傾けていたのである。

要するに、社会はそれこそ上から下まで、大学の「自動車教習所」化を求めていたのだ。

もちろん自動車を運転したい人にとって自動車教習所は必要である。教習所で正しい運転の技術とマナーを教えてくれることが、社会にとっても個人にとっても重要、不可欠であるのはいうまでもない。

けれど、もし自動車教習所ばかりになってしまったら、新しい自動車はだれが開発するのだ？ すべて外国からの輸入車に頼るのか？ そして、もしクルマ社会が悪いというなら、そうでない社会はどんなものになるのか——というような発想はどこから生まれてくるのか？ それともこれもみな外国に頼るのか？ ぼくはそんなことが気になってきた。

つまり、日本の大学がすべてすぐ社会の役に立つ教習所になってしまったら、新しい視点を得るための学問はどこがやるのだろう？ 今まで考えたこともなかったような冴《さ》えた発想に新鮮な驚きを感じるという知的な喜びは、日本の中では生まれてこなくなるのではないか？　ぼくは少々大げさに、そんなことを考えてしまったのである。いわゆる環境問題についても同じことであった。開発、改造、有効利用、そんなことばかりしか考えられていなかったそのころの発想は、今から思うと貧困きわまるものであった。こわれない、腐らないプラスティックに、もちろんぼくも含めて世界じゅうの人々がとびついた。当時としてはそれが当り前のことだったのである。「先を見る」ということは、今のものをもっと便利にするということにすぎなかった。でも、こんなことでよいのだろうか、という思いもときに脳裡《のうり》をよぎった。

農工大という、当時はあまり人目につかなかった大学にいるのを幸いに、ぼくは「大学は何をするところか」などということを書きはじめた。これらはのちに『人間についての寓話《ぐうわ》』（平凡社ライブラリー）という本に収められた。

一八歳人口がどんどん減っていくというのに、そして、だからかなりの大学はつぶれていくというのに、さらに国公立大学の独立行政法人化が現実問題となっているのに、なお「わが町に大学を」という願いは強いようである。大学とは何だと考えられているのだろうか？

とにかく大学っていったい何のためにあるものなのだろう？

大学といえば高等教育機関である。昔は大学が「最高学府」であったけれど、今は大学院大学ができてしまったので、大学は最高ではなくなった。けれど、高等教育をすると思われている点では変わりはない。

だがこの「高等」とは何なのだ？　よりレベルの高い専門教育という意味なのか？　世の中でいろいろ言われているのを聞いていると、どうもそのような気がしてくる。

しかし大学は研究機関でもあると考えられている。事実、ひじょうに多くの研究が、いろいろな大学でなされている。

そこで研究と教育という問題がでてくる。これについても意見はさまざまで、これまで大学の先生は研究にばかり熱心で、教育のことをなおざりにしてきた、と言う向きも多い。旧文部省も何度もそう言ってきたし、民間からも同じことが言われている。アメリカでは大学の先生方は教育にもじつに熱心ではないか。しかしその一方、大学の先生たちがちっとも研究をしないのはけしからん、という意見もけっして少なくはないのである。

研究大学ないし研究者養成の大学院と、高度職能人を育成する大学ないし大学院を分けろという声もある。研究と教育を分けようということは、どうやら暗黙の「指示」

のようなものになっているらしく、じっさいに研究と教育を分けた組織を計画中の大学もある。研究教員と教育教員を分離し、教育に関わることなく研究に専念する教員というものをつくろうと考えている大学もある。

ぼくの素朴な疑問は、そんなことでうまくいくだろうか？　いや、うまくいくとか何とかでなく、そもそもそんなことがありうるのだろうかということである。

研究の恐《こわ》さは、どんなことでも研究していけばほとんど必ず新しいデータが得られ、論文が書けることとである。たとえば「中国四川省特産のジャイアント・パンダの腸の細胞の消化酵素の活性に対するカルシウム・イオンの影響」というような研究である。新しい知見には相違ないが、そのデータが得られたからといってパンダのことがより深くわかるわけでもなく、消化酵素の働きについて何か新しい視点が得られるわけでもない。

こういう研究をしている研究教員が、次にレッサー・パンダについて同じような研究をしても、おそらく無意味である。

すると、どんな研究が有意義であるかは、近ごろ流行《はやり》の「評価」によってきめられることになる。けれど問題はその評価の内容である。かつてレフェリーを設けずに投稿論文の採否をきめていたイギリスの科学専門誌「ネイチャー」が、アメリカの「サイエンス」にならってレフェリー制度を採用したとき、登載論文がぐっとつまらなくなったという話を聞いたことがある。

どんな学生も、視点のはっきりしない、ただの詳しい解析のような研究には興味を感じない。けれど、ある理解しうる視点をもった研究には絶大な関心を示す。そこでその研究をするために必要なことを学ぼうとするのである。それは本人が努力することであるが、はたから見れば、あるいは結果から見れば、それは「教育」である。けれどその学生は、知識や手法ばかりでなく、さまざまなことを教員の研究から学ぶであろう。将来必要だからというだけの名目でわけのわからぬ基礎知識を「教育」されても、それは身につかないし、研究にも実践にも役立つことはなかろう。ましてや、多少とも「独創性」のあることをその学生が生みだすのに、何の助けにもならないであろう。だからぼくは、研究と教育を分けることに多大の疑問を感じるのである。

今の大学の教員が何かというと口にする、そして「社会」の人々も重要視する「基礎知識」というものも、ぼくにはよくわからない。

それはなぜかというと、かつてぼくが「いわゆる『基礎』」（『人間についての寓話』所収）に書いたように、「基礎」とは目標があってこそ存在するものだからである。つまり、目指す目標によって基礎はちがうのだ。

かつてある友人が、量子力学では建築はできない、といった。そのとおりだと思う。量子力学は物理学の重要な理論であり、この物質世界の成り立ちを理解するには不可欠なものであるけれども、建物を設計するときの基礎にはなるまい。

大学というものの役割の一つは、自分がやりたいと思うことをやるには何を学ばねばならないかを学ぶことにあって、いわゆる「基礎知識」や「専門知識」を闇雲《やみくも》に教えこむことではないはずだ。

大学は科学的なものの考えかたを、中学や高校よりもう一段ちゃんと教えるところだ、ということもよく言われる。でも、「科学的」ってどういうことだろう？

日本では「科学」ということばに魔術的な信頼感がもたれているようだ。あらゆるものを「科学」にすることが大切らしい。たとえば社会についての研究は、「社会学」ではなくて「社会科学」であらねばならなくなった。今から半世紀以上も前、だれかが「科学する心」などといったのと同じ感覚と認識がまだつづいている。

けれど実際には、科学というのはわれわれがものごとを探り、新しい視点に立って認識していくときの一つの手段にすぎないのではないか？　ぼくは今から二〇年ぐらい前、「科学とは部族の神話と真実との区別がつかぬようにする自己欺瞞《ぎまん》の体系である」と考える人もいるということを述べた論文を読んで驚いた。それはアメリカ科学史学会の当時の学会長が書いたものであった。ぼくはアメリカの学会ではそのような議論がおこなわれていることにほんとうにびっくりしたのである。そしてぼくは「科学とは主観を客観に仕立てあげる手続き」ではないかと考えるようになった（『噴版悪魔の辞典』平凡社ライブラリー）。

もしぼくのこの考えが妥当だとすると、大学は単に「手続き」を教えるところになってしまう。大学はそれでよいのか？

こういう根本的な疑問が次々と湧《わ》いてくるので、ぼくはずっと考えつづけてきたのである。そしてぼくは、大学とはそのようなことを考えつづけていくところだと思っている。それでこそ人間が未来を考えるためのより深い新しい視点と認識が生まれうる。大学は技術や知識の教習所ではけっしてないのである。

犬上川《いぬかみがわ》、再び

二年ほど前、滋賀県彦根《ひこね》の犬上川のことを書いた（二六ページ）。あれは滋賀県立大学が開学する前のことだった。琵琶湖《びわこ》の東岸、彦根市八坂町《はっさかちょう》にある滋賀県大のすぐ北側で琵琶湖に流れこんでいる犬上川の改修工事計画がその発端であった。

犬上川はおよそ大きな川とはいえないが、しばしば洪水をおこしている。滋賀県大の開設のすぐ前にも、琵琶湖に注ぐ河口のところで、湖岸道路にかかる橋がこわれて道が不通になってしまったことがあった。

当然、改修が企てられ、県としての案が立てられた。川は河口の近くで幅が狭くなっている。それがいけないのだ。大雨で増水すれば、少し上手でまわりに溢《あふ》れでて洪水となる。

だから改修計画では、河口部の南岸の出っぱった部分を全部削りとり、その分だけ川を広くすることになっていた。

前にも述べたとおり、この計画を知らされてぼくらはびっくりした。その出っぱりの部分はいわゆる河辺林になっており、大きなタブの木がたくさん生えている。河辺林を伝っていろいろな動物が上流のほうからやってくるので、大学の中でタヌキを見かけることもある。滋賀県でも残り少ない河辺林をまた減らしてしまうようなことはするべきではない。

県立大からの申し出によって開かれた県との話し合いで、この計画はぜひ再考してほしいという強い意見が、大学側の出席者から出された。その中心となったのは、前回に述べたように、森林生態学が専門の依田恭二先生であった。

「このタブ林の木はすでに二〇〇年も経《た》っている。改修計画ではタブの木はできるだけ移植することになっているが、こんな古い大きな木をうまく移植できるだろうか？」

県側もこれに真剣に対応してくれた。何度かの話し合いの中で、大学が土地を提供し、南岸の堤防をずらして、林の部分を島にして残すという案が固まった。

県側は精密なシミュレーション実験をおこなって、そのようにしたときの川の流れかたや水流の強さを予測してくれた。その結果、河辺の林は島にして残す、しかし私有地に接しているその下流部では林を伐採して川幅を広げざるをえないが、その対岸部では林を残し、できるだけ人手を加えずに自然のままにして、移転が予定されている彦根市立病院へつなげ、人々の散策の場とする、というように、計画は大幅に変更された。

シミュレーションによると、三〇〇年に一回という大増水がもしおこったら、島は流されてしまうという予測だったが、それはそれでしかたがない、自然とはそういうものだ、ドイツのライン川でも、そのような設定をしている場所がある、三〇〇年に一回の天災的な大増水に備えて島をコンクリートの護岸で固めたりするのはやめようということで、意見は一致した。

このような検討にはかれこれ四年近くかかったが、幸いにしてその間に大増水はなく、去年（二〇〇〇年）からいよいよ工事が始まった。新しい堤防を南側に作ることはその前から着手されており、車の通る道も変わっていた。

以前あった堤防の部分の土が除かれていくと、島の姿が現れてくる。島と新しい堤防の間は浅い水をたたえた湿地帯となっていった。

シミュレーション予測では、水の少ない時期にはこの部分はそれほど大量の水が流れることはないそうである。夏から秋にかけてはそこは湿地のようになるかもしれない。そうしたらそこには湿地帯の植物が生え、それなりの動物も生活するようになろう。それはそれでまた新しい景観となり、犬上川の自然の顔もまた豊かになるだろう。県大環境科学部の学生たちにとっても、研究対象が増えることになる。

台風や春の雪どけのときには、当然、水嵩《みずかさ》が増す。そこに生きていた生きものたちはそれに応じて生きかたを変える。そしてまた水が減れば、もとの生活に戻る。自然は昔からそのようにしてきたのだ。

犬上川にはハリヨというトゲウオの一種が棲《す》んでいるところがある。最初の改修計画にも、貴重なハリヨの生存を守るよう配慮しますと書かれていた。自然の保護を重視するようになった昨今、多くの土地改修や土木工事では、事前に必ずアセスメントをおこなって、そこにいる生物の調査をする。それはけっこうなことであるが、じつはそこにも問題があるのである。

いちばん問題なのは、「貴重種」という概念である。貴重種とは、珍しい、あるいは絶滅から守らねばならぬような生物のことだ。そこで、その貴重種が生えている場所、あるいは棲んでいる場所だけは守ろう、残そうという配慮をする。

けれど、今ではもう広く知られてきたとおり、その生物はその生物だけで生きているわけではない。他のもろもろの生きものたちがいる中で生きているのである。土の中にいてわれわれの目には見えない細菌やカビだって関係がある。その貴重種だけを大切にどこかへ移してやればよいというようなものでは、けっしてないのである。

犬上川のハリヨについて、当初の計画ではどうなっていたか、ぼくはよくわからない。ハリヨは湧《わ》き水に棲むという。だからその湧き水の場所だけを残しておけばよいということはない。その湧き水がどこからどのような水系の流れによって湧いているか、そうかんたんにわかるものではないからである。

川そのものの水ではなく、地下を流れる伏流水のおかげで、町の中にきれいな水が湧いてくる土地がたくさんある。そのようなところでは、およそ関係ないような遠くでの土木工事が、その美しい湧き水を止めてしまうこともおこるのだ。

何はともあれ、ぼくが滋賀県立大学を去ることになったこの三月、犬上川の工事はほぼ終わった。春は水が多くなる季節である。タブの林の島の両側を、水はたっぷりと流れている。工事のため多少削られた岸がやけにきれいに造成されているのが気になるが、そこにはまた野草が生えるだろうか？　タヌキは島に往《ゆ》き来できるだろうか？

そんなことを考えながら、ぼくは新しくなった犬上川を眺めていた。

総合地球環境学研究所

今年（二〇〇一年）の四月、「総合地球環境学研究所」という名前で、新しい国立の研究所が発足した。文部科学省の下にある大学共同利用機関の一つとしてである。

省庁統合とか、国立機関の独立行政法人化のこの時代に、何で新しい国立の研究所ができたのかといえば、発端は一九九五年の文部省学術審議会からの建議にある。

いわゆる地球環境問題が急速に深刻さを増してくるこの時期に、この問題の根本的解決を探る中核的研究所を作る必要があるという建議及び地球環境保全に関する関係閣僚会議の申し合わせを受けて、研究組織体制の整備に関する調査研究を行うための委員会が当時の文部省に設置され、検討が始まった。

五年にわたる間に委員会の形も変わり、議論の内容も変わっていったが、結論としては、問題解決型の新しい研究所を作るという方針が定められ、その実現に向けての調査室が作られ、ぼくも滋賀県立大学学長を務めながらその一員に加わることになったのであった。

初期のころの委員会でどのような議論がされていたかぼくは詳しくは知らないが、ぼくが委員長として加わった準備調査委員会では、環境問題とか科学とか研究とかに関わる興味ぶかい論議がなされ、従来とはまったく異なる研究所の構想ができあがっていった。

まず、「地球環境問題」とは何か、である。そのような特定の問題があるのだろうかという疑念をもっていたぼくは、いつも、「いわゆる地球環境問題」という表現を使うことにした。

この「いわゆる地球環境問題」の根本的原因は何か？

それはことばのもっとも広い意味において人間文化の問題である、とこの委員会は結論した。

われわれ現代人（ホモ・サピエンス）は、その遠い祖先とされるクロマニョン人の時代から、人間と自然の間に一線を画し、つねに自然と対決する形で生きていこうとしてきたように思われる。それによって自然に働きかける技術も生まれ、自然を理解する科学も生まれた。自然の中にはない美を創《つく》りだす芸術も生まれ、自然の中にある死というものに対処しようとする宗教も生まれた。これらすべては人間が産みだした、もっとも広い意味での文化といえるのではないだろうか。

この「文化」によって人間は、とにもかくにも成功裡《り》に生きてきた。それはまさに人間の偉業であった。

けれどこの文化は自然との対決の上に生まれたものである。対決している自然からは、つねに反作用がある。その反作用に対して人間の文化がまた対決する。こうして人間と自然の間には、数限りない、そして絶えざる相互作用の環《わ》が、人間出現の当初から必然的に存在してきた。それが今、「いわゆる地球環境問題」というどうにもならない形をとって顕在化してきたのではないか？

そうであるとすれば、今われわれがまずなすべきことは、この人間と自然の間の相互作用の環の複雑な実態を解明することである。

この環が人間の文化全般に関わるものである以上、その解明にはまさに人間の価値観まで含めた広汎《こうはん》かつ複雑な探究が必要である。一見すれば単に技術的な問題と思われるCO_2濃度削減ということにも、国の政治、経済、産業構造という問題が深くからみ、人間の生活感情、人生観、いきがい論から美学の問題まで含んでいる。どうしたらこんな問題の解明に取り組めるのか？

委員会の結論は、「目標を明確にしたプロジェクト方式の、真に総合的な基礎研究」ということであった。関わりがあると考えられる領域の人々が一堂に会し、現実の場でさまざまな視点をぶつけあいながら探究を進めようというのである。各専門分野の人々に研究費を配分し、それぞれ専門の研究を進めてもらってその成果を総合するというのではない。研究当初の、問題点や目標の設定の時点から一緒になって研究を進めよう。さもなければ真の総合はありえない。それが委員会の一致した結論であった。

さて、問題は「グローバル」ということである。「いわゆる地球環境問題」とはグローバルつまり全地球的というニュアンスを色濃く含んでいる。

しかしわれわれ人間はだれもがどこかの地域に住んでおり、問題はその地域でおこる。そしてそれが「グローバル化」するのである。最初からグローバルな問題を相手にしても問題の根本はわからない。

そこでプロジェクトは、ある地域に根ざすものとしようということになった。たとえば日本のある水系でもよい、アジアのある乾燥地帯でもよい。そこに住む人々がどのように生きようとしているかを中心に据え、その人々の生活と自然との相互関係を考えられるかぎりさまざまな面から探り、考察し、予測して、諫早湾《いさはやわん》のような問題がおこらぬよう、学問的な全体像を描きだして、それをわかりやすく人々に伝えることである。

甘いロマンや単に明るい未来像ではなく、学問的な探究の成果として提示することが不可欠である。問題は価値観にまで及ぶから、これは単に「科学」ではすまない。そこで研究所の名前も、最初の建議にあった「地球環境科学研究所」から、「地球環境学研究所」に変えることにした。これまでとは異なる方式、組織で真に総合的に探究を進めるという意味で、頭に「総合」をつけることになった。

今、「持続可能な」ということばがはやっている。しかし、持続可能という概念だけで、今日のいわゆる地球環境問題に対処できるのか？ すでに未来世代のことが問題となっている。委員会ではあえて「未来可能性」ということばを使うことにした。実はこのことばにあたる英語はない。直訳すれば Future possibility とか Possibility in future になるのだろうが、それでは「将来は大丈夫かもしれない」程度の意味にしかならないと教わった。今、しかるべき英語を考えている。

この研究所自体の英文名も大いに議論したが、結論としては Research Institute for Humanity and Nature とすることにした。上に述べた研究所の趣旨をいちばんよく表していると思うからである。

この研究所がどこまで目指す成果を上げうるか、それは広く関係者の努力にかかっている。

人間はどこまで動物か

戦後いつのころだったか、動物としての人間のことをカタカナでヒトと書くことが始まった。

動物には種ごとに学名がつけられており、人間の学名はだれもが知っているとおりホモ・サピエンスである。生物分類学の開祖であるスウェーデンのカール・フォン・リンネが、人間を哺乳類《ほにゅうるい》霊長目の動物の一種に分類して、こういう学名をつけた。この学名をもつ動物としての人間を、ヒトと呼ぶことになったのである。

人やひとでなく、なぜカタカナのヒトになったのかというと、それは他の動物の例にならったからである。戦後、あまりむずかしい漢字を使うなという動きの中で、当用漢字などが定められていった。おそらくその一環として、動物や植物の名前は漢字やひらがなでなく、カタカナで書くという習慣が定着していった。

かつての吉田茂《よしだしげる》首相が「国会には猿がいる」といって物議をかもしたときも、新聞には「国会にはサルがいる」と報道された。

だから、「動物として」ということを強調するためには、カタカナでヒトと書く必要があったのである。

これはたいへん結構なことであった。人間もサルやイヌと並んでヒトという動物であることを示してくれるからである。ぼくもかつてこの書きかたをしばしば使っていた。

けれどたちまちにして、事態は奇妙な方向へ展開していった。「ヒト」と「人間」ということばが区別して使われるようになったのである。

人間は生物学的にはたしかにヒトという動物である。けれど人間はヒトには留まらない。人間には動物とちがって文化がある。言語があり、思想がある……人々の認識はこんなふうに発展していった。そして「ヒトと人間」とか「ヒトと動物」というナンセンスな対比も、当然のことのように口にされる始末になった。

それと並んで、「人間はどこまで動物か?」という表現が人々に大きな共感をもって迎えられ、一種の流行語となっていく。

生理学や医学が進歩して、人間の体が他の「動物」の体とほとんどちがわないことがわかってくるにつれ、そしてチンパンジーの心理や知能の研究が進むにつれて人間と「動物」の差がどんどん小さくなっていくと、人間と動物はどこが違うかが次第にわからなくなっていった。人間と「動物」を区別する重要な違いと考えられていた「道具の使用」がチンパンジーに認められると、違いは「道具の製作」だ、ということになった。けれどまもなく、チンパンジーも道具を作ることがわかってしまった。

そうなってくると、最後のとりでとして頼れそうなのは言語能力や抽象能力であった。しかしこれもチンパンジーの言語能力や抽象能力が明らかにされるにつれてくずれていった。そしてついに、「サルはどこまで人間か」とか「チンパンジーの政治学」とかいう本まで現れることになる。

このような経過の中に一貫して流れているのは、「人間は単なるヒトではない」という強固な信念である。人間と「動物」は違わなくてはならないのだ。

たしかに人間は他の動物とは違う。けれどイヌだって他のすべての動物と違う。ゾウもキリンもそうである。だからこそわれわれはゾウやキリンやイヌを認識できるのだ。動物どうしの間のこの「違い」と、動物と人間との「違い」との間に、どのような違いがあるのだろうか？

問題は「人間はどこまで動物か？」という問いかけの中にある。「どこまで？」というとき、スケール（尺度）は一本しかない。一本しかないスケールの上にいろいろなものを並べて、それぞれがどこまで到達しているか？　という発想に問題があるのである。

アメーバに知能はない。昆虫にもほとんど知能はない。しかしカラスにはかなりの知能があるようだ。ネコやイヌになるともっと知能が発達している。チンパンジーはすばらしい知能の持ち主だ。しかし人間はもっとすごい。格段に進んでいる——というように一本のスケールの中でくらべていく発想だと、どうしても「どこまで」を問いたくなる。

イヌとネコは同じ食肉類のけものである。しかし人は、「イヌはどこまでネコか?」という問いを発することはない。それは人々が無意識のうちに、イヌとネコはまったく違う動物であることを知っているからである。

この違いは同じスケールの上での「どこまで」という違いではなくて、いうなればベクトル（方向）ないしパターンの違いである。たとえば、イヌは群れを作って遠くまで歩きまわりながら獲物を追いかけるようにできた動物だ。彼らにとって歩きまわったり追いかけたりすることは苦痛ではなく喜びである。だから飼い主はどんな雨降りの日にもイヌを散歩に連れていかなければならない。一方ネコはそう遠くまではいかず、獲物の存在を察知したら、気づかれぬようにじっと待ち伏せるようにできている。だからネコを散歩に連れ歩く必要はないし、そもそも本来的に無理である。

動物行動学の研究が示してくれたのは、どの動物もそれぞれの個体が自分自身の子孫をできるだけたくさん後代に残そうとしていることは同じだが、そのやりかたは種によってまったく違うということである。

イヌはイヌなりの、ネコはネコなりの、そしてゾウはゾウなりのやりかたで生き、それぞれに子孫を残してきた。自分自身の子孫を残すという点ではまったく同じだが、そのやりかたはまったく違うのである。同じスケールの上で、どれがどこまで、という問題ではない。「ゾウはどこまでライオンか？」という問いは存在しえないのである。そしてそのことはだれでも無意識のうちにちゃんと知っている。

それなのに人は、なぜ「人間はどこまで動物か？」と問いつづけるのだろう？　そこには常に一本のスケールの上での到達度を問題にしようとする近代の発想の呪縛《じゅばく》があるようにしか思えない。

考えてみれば国際関係でいつも使われる先進国、発展途上国ということばにも、大学受験の偏差値という概念にも、近ごろ新聞に大きく報道された上位三〇校の大学などという表現にも、それが如実《にょじつ》に表れているではないか。

蝶《ちょう》の七月

小学校三年生のときだったか、昆虫採集でもさせれば少しは体も丈夫になるだろうというだれかのことばにしたがって父が捕虫網や三角紙を買ってくれてから、おおげさにいえばぼくの人生は七月といえばチョウになった。

それ以来ずっと、少くとも高校卒業まで、チョウと捕虫網なしの七月というものはなかったような気がする。

とはいえ思い出すのは、首尾よく目ざすチョウがとれたときのことではない。むしろ、どうしてもうまくとれなかったり、逃げられてしまったことばかりなのである。

成城《せいじょう》学園の中学校に入ったとき、太平洋戦争はもう始まっていた。けれどぼくは、それまで育った東京の渋谷からはかなり遠い、小田急沿線の成城での日々を、文字どおり満喫していた。

放課後、網をもって学校の裏手にある田んぼのほうへ歩いていく。畦道《あぜみち》よりは少し広いという程度の道の左手はゆるい丘になっていて、そこは一面の雑木林だった。

渋谷の町なかでは朝早くにいかねばみつからないカブトムシやクワガタが、昼の雑木林のコナラの木で、何匹も樹液を吸っていた。それはじつに新鮮な喜びであった。そしてあるとき、大きなチョウがどこからともなく飛んできて、その樹液のところにとまり、さっと翅《はね》を広げた。それはあのオオムラサキであった。その青紫の翅の輝き！　ぼくはいい知れぬ興奮に我を忘れてしまった。

ぼくはいきなり捕虫網をかまえ、とまっているオオムラサキめがけて振った。網は木にぶつかり、オオムラサキは網の裏から飛び立って、林の中へ悠然と去っていってしまった。

その姿を目で追いながら、ぼくは興奮冷めやらぬまま、しばし呆然《ぼうぜん》と立ちつくしていた。

オオムラサキだ！　と思ったとたん、なぜぼくはいきなりそれを捕えようとしたのだろう？

人はたいてい、花を見ると摘みたくなり、チョウを見るととりたくなる。なぜなのか？　それは狩猟採集民である人間の血だよ、とわけ知り顔にいう人もいる。でもほんとにそうなのか？

いずれにせよ、そのときはそんなことを考えるどころではなく、ただひたすらの無念さに、チョウが再び戻ってはこないかと、林の中を見まわしながら立っているだけだった。もちろんオオムラサキは戻ってこなかった。

その後ぼくは、同じようなことを何度かくりかえしている。狩猟採集民の血はどうしようもないものであったらしい。

けれど何年も経《た》つうちに、成城も開けていき、雑木林もチョウもカブトムシもいなくなった。もちろん成城だけのことではない。あの日本列島改造論の波に国民全体が巻きこまれていった。それから何十年を経た今日まで、ついにぼくはオオムラサキを網にしたことはない。

ある高原での七月には、思い出しても胸が痛む光景に出会った。七月とはいえ風の涼やかな高原には、いろいろな花が咲きみだれ、いろいろなチョウたちがそこここに舞っていた。その中には小さなヒメシロチョウもいた。戦争中、秋田県大館《おおだて》で初めて見て以来、ぼくにとっては二度目の出会いだった。

一匹のヒメシロチョウがぼくの目の前一メートルぐらいの花に飛んできてとまった。もちろん蜜《みつ》を吸おうとしてのことである。これは確実にとれる。ぼくは落ち着いて網をかまえた。

だが次の瞬間、チョウの体はいきなり頽《くずお》れてしまった。翅が力なく垂れ下がり、肢《あし》も離れて、チョウは辛うじて花にひっかかっているようなかたちになった。

何事がおこったのだろう？　急いで近づいてみてぼくは愕然《がくぜん》とした。そこには一匹の小さなクモがいて、そいつがチョウを捕らえていたのであった。

花にはチョウをはじめいろいろな虫が蜜を吸いにやってくる。それを捕えて食べようという肉食性の虫が、花のかげにじっと潜んで機会を狙《ねら》っている。ハナグモはその代表ともいうべき虫だ。熱帯にいくと、自分自身が花のような姿をしたハナカマキリというのもいて、自分を花と間違えたチョウをいきなり襲うという。

自然の中の闘いのすさまじさは、もちろんぼくもよく知っている。けれど一瞬にして目の前で頽れたヒメシロチョウの姿は、今も忘れることができない。

梅雨も明けていよいよ夏らしくなった七月の日々、高い木々の梢《こずえ》の上を飛ぶアオスジアゲハに、ぼくはいつも魅せられてきた。

まっ青な夏の空を背景に、梢に咲く小さな花から花へと活発に飛びまわるその翅のもようの透きとおるような青さ。それは七月の幸せをしみじみと感じさせる、たまらないほどの美しさであった。

かつてのぼくは、いつかはこのチョウを捕えたいと願っていた。高い梢の上を飛ぶその姿を自分の網に収めたくてたまらなかったのである。

七月の木の花の咲く季節になると、その木の植わった土手をめぐらした農園のまわりを網をかまえてゆっくりいきつ戻りつするのが、夏休みのぼくの日課だった。いつかはチョウが何かを思って土手まで下りてこないか。それがはかない望みだった。けれどアオスジアゲハたちは、ときどき花にとまって蜜を吸いながら、高い梢の上をあちこちと飛びかっているだけで、一向に下りてくる気配すらなかった。

そんな年月をすごしているうちに、いつのころからかぼくは、それで十分に満足を感じるようになった。それはぼくがそれほど年をとってからではない。三〇代そこそこの、まだ血の気の多かったころから、ぼくはチョウたちの飛ぶ姿を見るだけで、何ともいえぬ喜びをおぼえるようになったのである。

そもそもぼくには昔から、標本を集めようという執念がどうもあまりないようだった。標本箱に並べられたチョウたちに、もちろんぼくは猛烈な興味をおぼえる。それを集め、美しく展翅《てんし》して整理した人々の苦労に心から敬服の念を抱く。けれど自分でそれをしようとは思わないのだ。

だからぼくの七月はそれ以来、ひらひらと飛ぶチョウたちの姿を見るだけで幸せな「蝶の七月」になったのである。

夏の終わり

たしかに今年の夏は暑かった。

三六度、三七度、いや三九度などという気温がニュースで報じられる日がつづいた。京都・洛北《らくほく》のこの家でも、夜まで暑苦しいときが多かった。少し涼しい年だったら、夜、うっかり網戸のままで寝たりすると風邪をひくことさえあったのに、今年は夜通しクーラーをかける必要があった。

でも今年にかぎったことではない。日本ではやたらと暑い夏がときどきやってくる。そんなときいつも思いだしてつい語りたくなるのは、何年も前、ボルネオでのことである。

そのころぼくのチームは文部省の海外学術調査費という科学研究費を受けて、ほぼ隔年にボルネオで熱帯小動物の生活を調べていた。その年もぼくらは、ボルネオ北部、大昔の英領北ボルネオ、今ではマレーシア連邦サバ州の、インドネシアとの国境に近いタワウという町から西へ二〇〇キロほどいったところに開かれた、広大なブルマス植林地（プランテーション）の中でしごとをしていた。

ボルネオのことだから、緯度は北緯約五度。まったくの熱帯である。一年じゅう、毎日、毎日が暑い。湿度は朝で一〇〇パーセント。昼になっても九〇パーセントから九五パーセント。汗がいくらでも出るから体は水不足になるのだが、水は肝炎の危険があるので湯ざまししか飲めない。

そんな中で、暑い昼間のしごとを終え、夕方、宿舎の食堂で現地の人たちと一緒に食事をし、テレビやビデオを見る。現地の人々はこれで一日のしごとは終わりだが、いわば出稼ぎのぼくらは、そこそこに夜の調査に出かける。そういう毎日だった。ある日ぼくらは、いつものとおり夕食後、みんなとテレビを見ていた。ニュースだった。放送はもちろんマレー語で、ぼくにはあまりわからない。けれどニュースの終わりごろ、テレビはこういった――「今日、日本の東京では、昼の気温が三七度を越えました」

とたんに現地の人々が一斉にぼくらにいった。「へえー三七度！　あんたたち、よくそんなところで生きているね」

そうなのだ。サバ州サンダカンの年平均気温は二六・六度とか。東京の一五度とくらべたら格段に高いが、どんなに暑いときでも、気温は三〇度にはならない。ただしそういうのが一年じゅうあまり変わらないだけだ。

日射《ひざ》しは強いし、湿度は猛烈に高いから、ものすごく暑く感じるけれど、日本のように気温が三七度を越えるなどということはないのである。彼ら熱帯の人々からすれば、ぼくらがそんなところで生きているのはほんとうに驚きなのだ。ぼくはつくづく、日本とは何と暑い国だと思わざるを得なかった。

とはいえボルネオの昼は暑かった。ぼくらは毎日汗だくだった。けれども夕方、日が落ちると、ぼくがあちこちで書いたりしゃべったりしているように、あたりは一瞬にして涼しくなるのである。水浴びのシャワーが冷たいと感じられるくらいだ。

そして夜は一晩じゅう涼しい。ただし湿度は一〇〇パーセントあるから、動きまわれば汗ばむ。けれど大きな町の中のコンクリート住宅の中は別として、少くともサンダカンやブルマス・プランテーションで暑くて寝苦しかったという記憶はまったくない。だからぼくのボルネオでの乏しい経験からの印象として、熱帯の夜とは涼しいものなのだ。

いつのころからか日本では、気温が二五度を越える寝苦しい夜を「熱帯夜」と呼ぶようになった。今年の夏も熱帯夜がつづいた。でもこの呼びかたは、熱帯に対して失礼だと、ぼくはかねがね思っている。

いずれにせよ、今日も京都はこの地にしては珍しいほどの青空だ。暑い。けれど庭先からはツクツクボウシの声が聞こえてくる。虫たちは夏がもう終わることを知っているのだ。

昔から人々は、旧のお盆がすむと秋がくると思っていた。京都では梅雨が明けて一気に暑くなるころに祇園祭《ぎおんまつり》、そして八月一六日の大文字送り火で涼しくなるといわれてきた。

八月の終わり、町ではまだ暑い暑いといいながら、残暑お見舞い申し上げますなどとあいさつを交わしているころに、山へいったことが何度かある。山はもう秋だった。木々の葉は夏の盛りのあのみなぎるような力強さをどことなく失って、心なしか淋《さび》しさが感じられた。ヒグラシの声はまだ残っていたが、七月になると夏のきたことを知らせてくれるニイニイゼミはもうほとんど聞かれない。そしてオーシイツクツクと鳴くツクツクボウシの歌ばかりが耳に入ってくる。ああもう今年の夏も終わったのだ、と感傷的な気持になってしまったことを思いだす。

そのツクツクボウシたちの声が、さっきからしきりに聞こえてくる。彼らは他のセミと異なって、かけ合いのようなことをやる。声で干渉しあうのである。ときどきオーシイツクツクが早くなり、相手と競っているようにも聞こえる。かと思うと、ツクツクのあとに、相手を牽制《けんせい》するような強いジーッという音を出す。

聞くともなしに耳を傾けていると、ツクツクボウシのオスたちの激しい戦いの様子が伝わってくる。彼らにしてみれば、今は夏の終わりでも秋のはじめでもない。メスを誘って自分の子孫を残すための、かけがえのない季節なのである。それがたまたま人間にとっては夏の終わりに当たるだけなのだ。

ボルネオにはもちろんツクツクボウシはいない。いるのはまったくべつの、ヒグラシを大きくたくましくしたようなセミである。しかし、ブルマス・プランテーションにはこのセミもいなかった。そもそもセミというものの声を聞いたことはなく、それがじつに淋しかった。

現地の人に聞くと、かつてここが原生林で、大蛇や巨大なサソリに驚きながら森を切り開いてプランテーションを作っていく途上では、季節がくればセミもたくさんいたということだ。

熱帯のブルマスにも季節はあった。プランテーションとして植林されたココアの木の幹には、七月から八月にかけてたくさんの花がつき、一二月ごろにそれが実って収穫されていた。ココアの木がどうやって季節を知るのかよくわからない。

日本でも熱帯でも季節は終わってもまためぐってくるが、切り開かれた原生林がもはや再びめぐってくることはないのだということを今あらためて思っている。

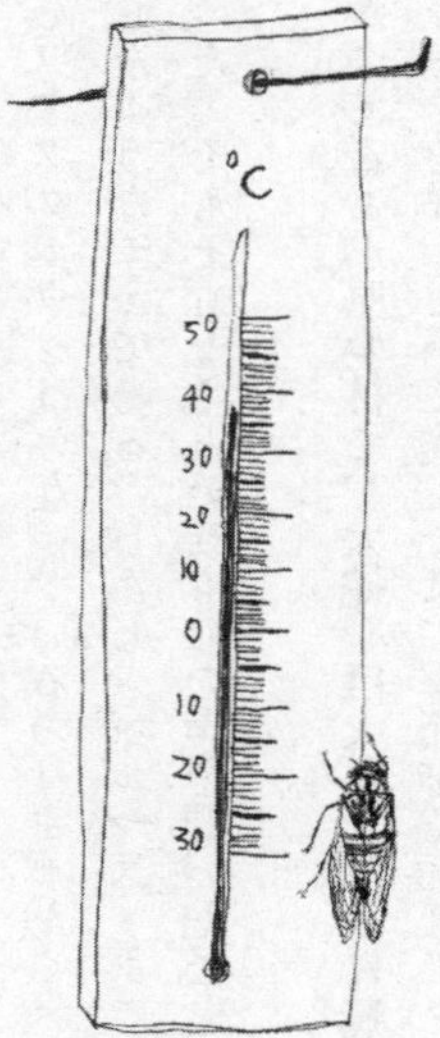

思い出のエポフィルスを求めて

二〇〇一年の八月末、ドイツのテュービンゲンで開催された国際動物行動学会に出席したあと、久しぶりにフランスへいってみようと思いたった。

じつは今から何と四〇年近く前の一九六四年、ぼくは日仏技術交流留学生制度によってフランスに留学した。呼んでくれたのは当時パリ大学の教養部のようなところにいたルネ・ボードワン（René Baudoin）教授。アメンボがなぜあんなにうまく水面で立っていられるのかということなど、水面や水辺、そして海の潮間帯に棲《す》む昆虫の生物物理学を研究しているという先生だった。

きっかけはその二年ほど前、ボードワン先生がフランス光学使節団の一員として訪日されたとき、ぼくが講演やセミナーの通訳などいろいろお世話をしたことである。

とにかく生まれてはじめて飛行機というものに乗り、生まれてはじめて外国というところへいったぼくを、ボードワン先生一家はまったく家族の一員同様に迎えてくれた。その関係は今でもつづいている。

パリに着いた七月上旬の一週間、ぼくはシテ・ユニヴェルシテールで開かれた国際比較内分泌学《ないぶんぴつがく》シンポジウムに出席し、それからボードワン先生に連れられて、二週間近くブルターニュの海岸をまわって歩くことになった。

先生は海岸の潮間帯に棲むいろいろな昆虫の、ぼくがそれまでほとんど知ることもなかったような生活について実地でくわしく教えてくれたが、先生のいちばんの目的はぼくにエポフィルスという昆虫を見せることだった。

二年前の訪日のときから、先生はエポフィルス、エポフィルスといっていた。けれどそんな虫はぼくは聞いたことがなかった。カメムシの仲間だというので長谷川仁《はせがわひとし》先生に聞いてみたら、たしかにそんな虫がいるという。けれど長谷川先生も見たことはなかった。ボードワン先生のくれた論文の絵を見ると、たしかに体長わずか三ミリほどのカメムシである。親になっても小さな翅《はね》しか生えていない。水生昆虫ではなくて、ふつうに空気呼吸をする昆虫であるが、ふだんは大潮の干潮のときにしか露出しない、海の中の岩の割れ目の中に棲んでいるという。英仏海峡から大西洋にかけては潮の干満の差がはげしく、場所によっては一〇メートルにも達する。エポフィルスはそういうところにいるのだとボードワン先生は説明してくれるのだが、ぼくには今一つどころではなく、さっぱりイメージが湧《わ》かなかった。

一九六四年の夏、いよいよフランスへいき、ノルマンディーからブルターニュのいくつかの海岸を見たのちに、ブルターニュ半島の西の端に近いロスコフで、やっとこの虫に出会うことができた。

ロスコフにはパリ大学理学部付属の臨海実験所がある。かつてボードワン先生は、ここでエポフィルスについて博士論文のための研究をしていたのである。

あとで考えてみたら、それは大潮の日であった。朝九時ごろだったろうか、先生とぼくは長靴をはいて磯《いそ》へ出ていった。干満の差が一〇メートルにもなるこのあたりでは、潮はもうどんどん引きはじめていた。

引く潮を追って、先生は足早に沖に向かって歩いていく。潮の引いたあとにはヒバマタのようなコンブ科の海藻が露《あら》われて日に照らされている。その間を潮は川のように沖へ向かって流れていく。日本ではまったく経験したことのない光景だった。

こうしてぼくらは二、三キロメートル近く歩いたのではなかろうか。平地の道ではない。潮の干あがった海の磯を、である。いきついたそこには、岩が左右に伸びていた。

岩の向うには海があった。ここが干潮の限界だ。ここから先はもう潮は引かない。

そういいながらボードワン先生はずっと手にしてきた鉄のレバーをその岩の割れ目に

つっこんで、満身の力を込めて岩の表面を剝《は》ぎとった。

剝がれた岩が水の引いた砂地に落ちると、そこから小さな虫が何匹か走りでて、海藻やイソギンチャクやカイメンの上を逃げまわった。「エポフィルスだ！」先生は叫んだ。

これがあの虫か。ぼくは感動した。そのころぼくがもっていたカメラは、やっと出たばかりの一眼レフというものだったから、走りまわるエポフィルスの姿を撮ることなどできなかった。今思ってもじつに残念である。

しかしその姿はぼくの目に焼きついた。そしてそれが、エポフィルスに対するぼくの誤解となってしまった。

エポフィルスを何匹か採集し、ガラス瓶の中でしげしげと見つめたりして満ち足りた気分のひとときを過ごしているうちに、そろそろ上げ潮を考えねばならぬ時間になった。もう戻ろう、危険だ。先生はそういって岸へ向かって歩きだした。心残りだったぼくを、さあ、早く、と先生はせきたてた。ほんとにそうだった。潮が上がってくるのは早い。あたりはじわじわと水にひたっていく。そうだ、ここはいつもなら一〇メートルの海底なのだ。それに気がつくと、ぼくの足も速くなった。

ぼくはその後この虫には出会っていない。農工大、京大、滋賀県立大とただただ忙しい日を過ごしていただけだった。

何かの折りにふとあの日のことを思い出すと、なつかしい気持でいっぱいになる。思いきってもう一度いってみようか。ついそんな気になったのである。

あのロスコフのあと、先生とぼくは一家が待っているラ・ロッシェル沖のイール・ド・レエ（レエ島）の先生の別荘にいき、そこで夏を過ごしながら、海へ出てはエポフィルスを探した。あの島へももう一度いってみたい。そんな思いも募ってきた。

小さな船で一時間ほども大西洋の海を渡っていったモレーヌ島。そこではエポフィルスは見なかったような気がするが、水もなかったあの小島は今はどうなっているだろうか。

二〇〇一年の九月初め、ぼくはふたたびそれらの土地を踏んだ。いずれの場所もじつに懐《なつ》かしかったが、ぼくは自分の記憶がいかにあいまいなものだったかを思い知らされたのであった。

三七年ぶりに訪れたロスコフに着いてぼくはいささか愕然《がくぜん》とした。ぼくがかつてのロスコフの姿をほとんど憶《おぼ》えていないことに気がついたからである。

臨海実験所の庭に入っていくと、木立があった。それを目にしたとき、忽然《こつぜん》としてぼくは思いだした。そうだ。ボードワン先生と二人でこのあたりを通ったとき、「ムッシュー・ボードワン！」という若い女の声がして、先生の助手のセシル・リドー嬢が走り出てきた！　それがここだった。

当時フランスで高名な生物学者だったフォーレ＝フルミエ教授に紹介され、今の学生たちはショウジョウバエがセミぐらい大きい昆虫だと思っている、などという話を聞いたのもこの木の前だった！

さあ、もう潮が引いているからエポフィルスを探そう、というので海へ出た。海の様子は昔と変わっていないはずだったが、それもしかとは言いきれない。川のように引いていく潮の流れは記憶していたとおりであった。

残念ながらその日は小潮であったらしい。ホテルで借りたゴム長靴をはいて、ぼくは沖を目指してびちゃびちゃと歩いていった。かつてボードワン先生といったのが、どのあたりだったか、それもぼくには定かではなかった。

とにかくぼくの記憶に焼きついているのは、ボードワン先生が岩を剝がしたとき、海藻の上を走りまわっていた何匹かのエポフィルスの姿であった。エポフィルスは潮が引くと、こうして岩の中から出てきて餌《えさ》を求めて歩きまわるのだ、そうぼくは思ってしまっていたのである。

二時間近く海の磯を歩きまわりながら、結局なつかしいエポフィルスには出会えずじまいだった。イール・ド・レエでもだめだった。もう一度エポフィルスを見たいというぼくの願いはまったく満たされることがなかった。

ロスコフからパリに戻り、自然史博物館を訪れて、エポフィルスの専門家であるアルマン・マトック氏からあらためていろいろ教わって、ぼくは自分の理解がいかにいい加減なものだったかを悟った。

エポフィルスはぼくの想像と理解を絶する昆虫だったのである。

ペリカールという人の書いた『フランスの動物相』第七七巻によると、この虫は、潮の干満のはげしいフランスとイギリスの大西洋岸の磯にいる。学名はエポフィルス・ボネーリ（*Aepophilus bonnairei*）といい、半翅目《はんしもく》ミズギワカメムシに近い昆虫である。昔はアシナガミズギワカメムシ科（Leptopodidae）という科の一種とされていたが、あまりに特殊な特徴が多いので、最近はこの一種だけからなるエポフィルス科（Aepophilidae）という新しい科がつくられて、それに属するものとされている。

エポフィルスは海岸の潮が満ちたり引いたりする潮間帯の岩の中に棲んでいる。それも潮間帯のいちばん奥、大潮の干潮のときにだけ露出する岩の中に、である。それより手前（岸側）にはまったくいない。だからわれわれがエポフィルスの棲む岩に近づけるのは月に一回の大潮のときしかないのである。

エポフィルスのいる岩には斜めに入った割れ目がある。エポフィルスはその割れ目の狭い間隙《かんげき》に棲んでいる。

割れ目の上部は波に打たれてふさがっているが、岩の下のほうではほんのわずかながら開いたままになっていて、潮が引いたときは空気が出入りできる。

潮が満ちはじめると、海水は非常に早く流れこんでくるため、割れ目の中まで入りこむことがなく、割れ目には空気が溜《た》まったままになる。海に棲みながら完全に陸上のカメムシと同じく空気呼吸をする昆虫であるエポフィルスは、この空気を呼吸して生きているのだ。

岩の割れ目のこの狭い空間には、エポフィルスばかりでなく、エポプシスというごく小さな甲虫《こうちゅう》(チビゴミムシの仲間)と、トビムシの仲間、そしてある種のダニも棲んでいる。これらの虫たちが何を食べているのか、よくわかっていない。エポフィルスは他の虫や植物に口吻《こうふん》を突き刺してその汁を吸うカメムシの仲間だから、岩の割れ目の中に一緒に住んでいるトビムシを食物にしているのだろうと言われている。

ボードワン先生からはあまりはっきり聞いていなかったのだが、これらの虫たちはいつも岩の割れ目の中にいて、自分から外に出ていくことはまずないと、ペリカールの本に書いてあった。

　マトック氏に確かめたら、そうだと言う。「エポフィルスもエポプシスもまるで洞《どう》窟《くつ》昆虫のようなものだ。けっして外に出てこないし、極端に光を嫌う」マトック氏はそう言った。

　そうか。ぼくは勘ちがいしていたのだ。かつてボードワン先生とロスコフやイール・ド・レエでエポフィルスを探したとき、海藻の上を走りまわっていたあのエポフィルスは、先生が鉄のレバーで岩の割れ目を剝がして落としたから出てきたのだ。そして太陽の光から逃れようと必死で走りまわっていたのだった。それをぼくは、餌を探しているのだと思ってしまったのである。

「しかしムッシュー・ボードワンがエポフィルスの研究を始めたきっかけは、五〇年も前のある日、潮の引いた磯の大きな岩のかげで雨宿りをしていたら、その岩を一匹のエポフィルスが歩いているのに気がついたからだと本人の口から聞きましたけど」と言うと、「大潮の引き潮が夜中のときは、真っ暗なのでエポフィルスが外に出てくることもあるらしいよ。彼らだってべつの岩に移ることもあるはずだから、そんなときに移動しているのかもしれない。夜中にいってみたらわかりますよ」マトック氏はそう答えた。しかし真っ暗な夜に、二キロも三キロも沖へ向かって歩いていくなんて、そんな恐ろしいことはぼくにはできそうもない。

エポフィルスを求めての旅から帰ってきて、偶然にぼくは古いノートをみつけた。それはなつかしいイール・ド・レエでのあの日々にぼくが書き留めたメモであった。そこには「一九六四年九月九日。バレーヌ岬の近くで、エポフィルスの巣。死んだエポフィルスも何匹か」と記してある。ぼくはそんなものをちゃんと見ていたのだ！人間の記憶の不確かさを思い知らされたような気がした。

紅葉と言語と

いつまでも暑さが残った今年の秋も終わって、京都にも紅葉の季節がやってきた。自然の移り変わりはいつもそうだけれど、木の葉の色づくのも早い。朝夕はめっきり冷えてきたな、と思う間に、あの木もこの木も葉の色が変わりはじめる。木のあちこちの枝の何枚かの葉がそれとなく赤や黄色を帯びてくると、明くる日にはそれが全体に広がって、二、三日もすればその木はもうすっかり紅葉してしまっている。毎年のように感じる驚きだ。

この季節になるといつも思いだすのは、かつてフィンランドで見た景観である。あれはたしか一九八三年の秋。日本学術振興会の日・フィン学術交流事業の一環として、ヘルシンキを訪れたときのことだ。九月の下旬だったから、日本だったらまだ暑いくらいの時期。けれど北国フィンランドではもう秋が深かった。

ヘルシンキの少し郊外へ出ると、あたりの丘陵地が一面の林である。その林の何と美しいこと。丘を埋めつくすシラカバの葉がまっ黄色に色づき、秋の日に輝いている。

その黄金色のシラカバの間に、濃い緑色のモミがあちらに数本、こちらに数本、くっきりと浮きだして立っている。

輝くような黄色と濃い緑のこの対比。そしてそれが織りなす林の色あい。それはえもいわれぬ美しさであった。

日本の紅葉も美しい。けれど町から見た山は、たいていはくすんだ色の杉の林で埋めつくされ、その間に辛うじてわずかに残っている雑木林が色づいているだけだ。そのどちらにも誇らしげなところはなく、異なる色の織りなす美も、あまり感じることはできない。そして紅葉の季節はたちまちにして去って、山は冬の雑木と杉だけになってしまう。

シラカバとモミの誇らしげで美しい色のとりあわせに心を打たれたぼくは、町の中でもまたべつの驚きを味わった。

ヘルシンキ大学では昆虫の行動についての研究交流が主な目的だったが、フィンランドという国についてぼくがあまり意識していなかった問題をつぶさに知ることにもなったのである。

それは言語の問題であった。

フィンランドが二つの公用語をもつ国であることはぼくも前から知っていた。フィン語（フィンランド語）とスウェーデン語である。じつは、この二つはまったく語系のちがう言語なのだ。

フィン語はウラル語族のフィン・ウゴル語に属し、語頭に二重子音をもたないとか、母音調和があるとか、ヨーロッパ語の前置詞にあたるものの大部分が単語の語尾にくっついてくるので、主格、生格（所有格）、与格とかいう単語の格変化が単数複数についてそれぞれ一五格もあるとか、ヨーロッパ語からは想像もつかないような言語である。

たとえばかつてのヘルシンキ・オリンピックのとき、入場式でフランスの選手団はほとんど最後のほうに入ってきた。オリンピックの入場式では、各国選手団は開催国で表記している国名のアルファベット順に入場することになっている。フランスはフランス語でも英語でも France であって、語頭がFであることはほとんどの言語で変わりないから、どの国でオリンピックが開かれても、フランス選手団は最初のほうに入場してくる。

ところが、ヘルシンキのときはちがった。先ほどちょっと述べたとおり、フィン語では語頭に二重子音がくることがない。一番最初の子音をはずしてしまうのである。そこで France はフィン語では Ranska となり、選手団はアルファベットのRのところで入場してくるのだ。

一方、もう一つのスウェーデン語はゲルマン語族に属し、まったくのヨーロッパ語系であって、単語も文法もドイツ語に近い。

フィンランドがこのような二つの言語を公用語としているのは、かつてフィンランドが一二世紀から一九世紀初めの長きにわたってスウェーデンの領下にあったからである。そしてさらにその後はロシアの領下となる。フィンランドが一つの国として独立したのはやっと一九一八年のことであった。

長いスウェーデン支配のもとで、フィンランドにはもともとの住人であるフィン人の言語であったフィン語とならんで、スウェーデン語も定着した。

そのような経緯で今日のフィンランドには、フィン語ではなくスウェーデン語を母語とする人が一〇パーセント近くいるのである。大学の先生や学生でもこの比率はあまりちがわない。

そこで大学での教育は大変だ。ぼくが訪れた生物学科でも、講義・実習はすべて二つの言語でおこなわれていた。

先生も二通りいる。フィン語で講義する先生とスウェーデン語で講義する先生とだ。実習室も二通りある。フィン語の部屋とスウェーデン語の部屋とである。フィン語の部屋では、実習のテキストから顕微鏡の使い方の指示に至るまで、すべてフィン語が使われている。スウェーデン語の実習室ではもちろんすべてスウェーデン語である。これはほんとに大変なことだとぼくは思った。

フィン語とスウェーデン語との並列は、もちろん大学の講義や実習にとどまるものではない。そもそも同じ土地の名にも二通りあって、たとえばヘルシンキはスウェーデン語ではヘルシングフォルスとなる。だがこれなどはまだいいほうだ。ヘルシンキの近くにあるトゥルク（Turku）という町は、スウェーデン語ではオーボ（Åbo）という。トゥルクとオーボ。知らなかったら同じ町とは思わない。フィンランドの国名も、フィン語ではスオミ、スウェーデン語ではフィンランドである。

フィン語を話す人が人口の約九割を占めていることもあって、町のたいていの看板はフィン語である。けれどちょっとしたレストランに入れば、そこはさすがに二つの公用語の国。メニューはちゃんとフィン語とスウェーデン語で書かれている。もちろん公式の道路標識などは、ちゃんと二つの言語で表示してあった。

二言語使用の国はフィンランドの他にもたくさんある。ほとんどすべての山が杉で埋めつくされていて、秋にはくすんだ緑一色になってしまう日本に帰ってきて、ぼくは何か複雑なものを感じたことであった。

わかってもらえない話

世の中には、いくら説明してもわかってもらえないことがたくさんある。政治の話はべつとして、宇宙の話とか遺伝子の話になると、わかってもらえないどころか、ぼく自身で感覚的にわかったという気分になれないことが多いのである。

ぼくが京都市青少年科学センターというところで、小・中学生のために始めた講演の第一回目として近々することになっている話もその一つだ。

それは宇宙やら遺伝子やらといった高尚なことではなくて、昆虫がどうやって飛んでいるかという、一見他愛もないことについての話である。

だれもが見るともなく見ているとおり、昆虫たちははねを羽ばたいて飛んでいる。鳥も翼を羽ばたいて飛んでいる。

だから鳥も昆虫も同じなんだ、とだれもが思っている。

昔の偉人、レオナルド・ダ・ヴィンチもそう思っていた。そこで彼は、人間の腕に翼をとりつけ、腕でそれを羽ばたけば、人間も鳥のように空を飛べるだろうと考えた。

この羽ばたき飛行機は失敗した。失敗の理由はいろいろあったが、いちばん大きなのは人間の腕で出せるぐらいの力では、風に乗って滑空するならともかく、とても地上から飛び上がることなどできないからであった。

その後人間は、羽ばたきとはまったくちがう原理で飛べることを発見し、飛行機を作ったのである。

けれど現在なお、鳥も昆虫もはね（翼）を羽ばたいて空中を飛んでいる。彼らの飛行の力学を理解するにはむずかしい数学が必要なので、ぼくにも依然としてよくわからない。

ぼくが青少年科学センターで子どもたちに話そうと思っているのは、そんなむずかしい話ではない。鳥や昆虫がどうやってはね（翼）を羽ばたいているかということである。

だれでも知っているとおり、鳥の翼はもともとは人間の腕と同じものである。だから鳥たちは、基本的にはわれわれ人間が水中で泳ぐとき腕で水をかくのと同じようにして翼を動かし、空中を飛んでいる。鳥の翼の根もとには、人間の腕の根もとにあるのと同じ筋肉がついており、その筋肉の力で翼が羽ばたくのだ。

水泳競技の種目にバタフライというのがある。体を半ば水面から乗りだし、腕をバタフライつまり蝶《ちょう》のはねが打つのと同じように力強く打って泳ぐ泳法である。ものすごい筋力が必要だ。バタフライが得意な選手に限らず、水泳選手の腕は太い。腕を動かすための筋肉が逞《たくま》しく発達しているからである。

自分の体を空中に浮かべて空を飛ぶ鳥たちの場合はもっと大変だ。鳥の翼の根もとから胸にかけては、人間の腕のとは比べものにならぬ大きな筋肉がついている。肉屋で「ササミ」と呼ばれる筋肉だ。

ところが昆虫ではまったくちがうのである。

昆虫たちもはねを羽ばたいて飛んでいる。けれど彼らのはねの根もとには、はねを動かす筋肉などまったくついていない。

では、はねはどうして羽ばたくのか？　そこがじつに不可思議なところなのである。

昆虫の体はきわめて大ざっぱにいうと、ボール紙でできた菓子箱のようになっている。つまり、腹側にあたる内箱と、それに上からかぶさる外箱とである。実際の昆虫の体では、内箱にあたるものを腹板といい、外箱にあたるものを背板という。もちろん腹板も背板も、ボール紙ではなく、硬いタンパク質でできている。カブトムシなどのような甲虫《こうちゅう》では、背板も腹板も厚くて固く、体が箱のようになっていることがわかる。

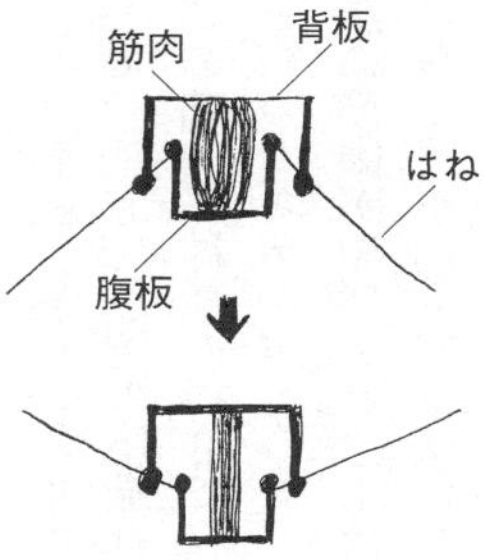

ふつうの昆虫では、腹板も背板もそれほど固くはないが、体が腹側の腹板と、背側の背板とから成っていて、腸や筋肉や脂肪体や卵巣《らんそう》などがこの箱の内部に収められていることは同じである。

腹板と背板は菓子箱でいえば内箱（身）と外箱（ふた）にあたるから、外箱をもって持ち上げればふたはとれ、上から外箱をかぶせて下に押せば、箱は閉まる。外箱を手にもって軽く上下すれば、箱は開きかけたり閉まりかけたりする。

昆虫の羽ばたきの原動力は、背板と腹板のこのような動きにある。けれど単なる菓子箱ではない昆虫の体は、もっと複雑にできている。

この腹板と背板は、じつは側板と呼ばれるもう一枚のうすい皮でつながっているのだ。だから昆虫の体の背板をもち上げて箱を開けたりすることはできない。

ところで、昆虫のはねというのはこの側板の胸にある部分が、側方へ平たく張りだしたものである。この張りだしは薄い膜ながら翅脈《しみゃく》という支柱なども入っていて丈夫なので、背板の下端と腹板の上端を支点として、背板の上がり下がりにしたがって、上下に動くことになる。

問題は背板をどのようにして上げ下げするかである。筋肉はここで働くのだ。

昆虫の背板と腹板の間には、太い筋肉が張っている。筋肉のてっぺんは背板内側の天井に、そして筋肉の下端は腹板の内側の底に、それぞれしっかりくっついている。

この筋肉が神経の指令で収縮すると、背板はぐっと下に引き下げられる。すると体の上箱のふちが下がるので、はねは下に向かって打ちおろされてしまう。

次に筋肉が伸びると、上箱つまり背板はもち上げられ、それによってはねは上向きに打ち上げられる。こうして筋肉の伸縮に伴って、はねはゆっくりと、あるいはものすごい頻度で羽ばたくことになるのである。

昆虫はこのようにして、はねの筋肉ではなく、胸の箱をぺこぺこ動かす筋肉によって見事にはねを羽ばたかせているのだ。

じつは昆虫のはねにも小さな筋肉がついている。けれどそれははねを羽ばたくためのものではなく、はねの角度を変えるためのものである。この筋肉のおかげで昆虫は羽ばたきの角度を変え、ヘリコプターと同じ原理で飛ぶことができるようになった。

鳥とはちがう原理ではねを羽ばたかせ、空中に飛び出した昆虫たちは、人間よりははるか昔、おそらくは何億年も前に、空中に停止して飛ぶことのできるヘリコプターを発明していたのである。

さて、この拙《つたな》い説明で昆虫がなぜ空を飛べるかがわかっていただけたであろうか？

ウマの足

イギリスの科学雑誌「ネイチャー」には、冒頭の何ページかを使って日本語の抄録がつけられている。日本の企業などの日本語での広告もたくさん載っており、さすが商売の国イギリスだなと感心させられる。

暮に届いたままになっていた一二月二〇日号を開けてみたら、日本語抄録の第一ページに、「ウマの足の秘密」という論文の見出しが目に入った。

今年（二〇〇二年）のえとは午（ウマ）であり、ぼくは六回目の年男なので、思わず気をひかれて読んでみると、それはなかなかおもしろそうな論文らしかった。そこで早速本文にあたってみることにした。

「ネイチャー」誌への投稿論文は、「レターーズ・トゥ・ネイチャー」、つまり「ネイチャーへの手紙」という形で載っている。かつての「レターーズ・トゥ・エディター」つまり「編集長への手紙」という形での投稿の姿を今にとどめているのである。

「編集長殿、このたび私は次のようなことを発見しました」という形式で始まっていたこれらの投稿論文が、「ネイチャー」発刊以来一〇〇年以上、イギリスの科学を長きにわたって支えてきているのはおもしろい。

この号の八九五ページに載っているアラン・M・ウィルソン他三名の共著論文は、「ウマはその歩みの反動を減衰させる」と題され、延々五ページにわたって細かな測定や実験の結果を図とグラフ入りで詳しく報告している。それはきわめて専門的で、読むのはなかなか大変であった。

ありがたいことに雑誌「ネイチャー」では、十数篇に及ぶレターの中から、編集長が注目したもののいくつかを選んで、「ニューズ・アンド・ヴューズ」というセクションで「ハイライト」としてとりあげ、べつの人がその要点を紹介し、論評するようになっている。

この形式はかなり新しいものであるが、最近ではアメリカの科学雑誌「サイエンス」でもこのやりかたがとられている。専門外の読者にとっては大変助かることである。

ウィルソンたちのウマの足の論文も、このハイライトにとりあげられている。「生体工学（バイオメカニックス）」というくくりのもとでR・マクニール・アリグザンダーという人が書いたハイライトは二ページ弱。「悪《あ》しき振動の制御」と題して、この論文の要点をまとめている。その要約にはこうあった――「ウマの足のいくつかの筋肉繊維は、何の機能ももたない進化の遺物のようにみえる。しかし実際にはそれらの筋肉は、ウマが走るときに足に生じる危険な振動を減衰させているらしい」。

実を言うと、これでもぼくはよくわからなかった。そこでウマの体について少し勉強してみることにした。幸いにして『ウマの動物学』（近藤誠司著、東京大学出版会、アニマルサイエンス①）という最近の本が手元にあった。この本やその他いくつかのものを読んでみると、ウマというものについてぼくのもっていたイメージが大幅に変わった。

たとえば同じ近藤氏が「どうぶつと動物園」誌（東京動物園協会発行）の二〇〇二年一月号に手短かに書いている「ウマ――食べて走って」によると、ウシとウマは同じ牧場で草を食べているのに、そのやりかたがまるでちがうのだ。

ウシは例の反芻胃《はんすうい》で、食べた草をまず発酵させ、ゆっくり消化させる。そして草の繊維もどろどろになった状態のものを糞《ふん》として捨てる。ところがウマはいわば後部消化型だ。草をどんどん食べては後腸部に送りこみ、そこで発酵させて消化する。草は繊維が多くて消化しにくいから、ウマはそれを量で補う。次々に食べては発酵・消化させ、まだ未消化のものも含めて糞として捨てていく。だから馬糞と牛糞はあのようにちがうのだ。

どちらのやりかたが効率がいいか、損か得か、一概には言えない。けれど、もし牧場の草の質が悪く、消化しにくい繊維ばかりが多くて栄養分が少ないという場合には、ウマのほうが得である。草の質が悪くても、とにかくどんどん食べていけば、量をこなして必要な栄養をとれるからである。ウシは質の悪い草を消化管の入口にある反芻胃に貯《た》めて、長い時間をかけて消化しようとする。必然的に食物は入口のところでとどまってしまい、たくさん食べようと思っても食べられない。そして苦労した割には、草から得られる栄養分は少ない。だからこういう状況だと、ウシはやせてしまうがウマは平気で肥《ふと》っていくのだそうだ。

さて、肝腎《かんじん》の足の話である。これもぼくはまったく誤解していたのだが、ウマはけっして満身の力で足を蹴《け》りあげて走るのではない。ウマの足の筋肉は、その半トン以上もある体重を足にかけるかけかたを変えていくのに使われているだけだ。

ウマの足の筋肉は、あの長い足の上部半分より上にしかついていない。あとは長い腱《けん》になっており、著しい弾力性をもつこの腱がバネのように働いて、足をはねあげたり、地面を蹴ったりするのだそうである。

問題はそのときに生ずる振動である。ウマの足先が地面についたとき、足はどうしても振動する。その振動は毎秒三〇回から四〇回に達するという。足のこういう振動は、腱にとって有害であり、腱の疲労をもたらし、ひいては腱の破損の原因となる。

一方、ウマの足の筋肉が腱と接するところには、おそろしく短い筋繊維がくっついている。その長さはわずか六ミリメートル。ウマの足の長さに比べたらおよそとるに足らない。こんな筋肉が収縮しても、長さは二、三ミリしか変わらない。ウマが走るのにとってこんな短い筋繊維は何の役にも立たないだろう。だからこの短い筋繊維は、進化の途上でその機能を失った、進化の痕跡《こんせき》、遺物と思われていた。

ところがウィルソンたちの念入りな研究によると、この筋肉はじつはウマが歩いたり走ったりするときに生じる足の振動を減衰させ、腱にとって無害なものにしてしまう重要な機能を果しているのだというのである。

ウマがあんなにすばらしく歩いたり走ったりできるのも、この単なる遺物と思われた筋繊維のおかげなのだ。

この話は人間の「盲腸」(虫垂)のことを思いおこさせる。無用な盲腸は早く除去しておけ、とかつては薦められた。それは今にしてみれば、恐ろしいほど知的な思慮に欠けた、とんでもない薦めであったのである。

ハエの群飛とかつての「科学」

毎年のたいてい今ごろ、冬のさなかにふと気づいて思わず心が和むものがある。寒空の一角に十数匹群れて飛んでいる小さなハエたちの姿である。

風は冷たいが天気はいい。そんな日の冬枯れた梢《こずえ》の下あたり。昼下がりの日の光の中できらめくように飛ぶ小さなハエたちの群れ。

寒さなどまるで感じていないように、上へ下へと入り乱れながら元気一杯、活気に満ちて飛びかっている。

小さなハエと書いたけれど、ハエだかカだか、捕えてみなければしかとはわからない。ハエかカの仲間、つまり双翅類《そうしるい》の仲間であって、ハチでもガでも甲虫《こうちゅう》でもないことはたしかである。そういう小さな虫たちが、一〇匹とか二〇匹とか集まって、群れ飛んでいるのである。

群れの中の虫たちははげしく動いているけれど、つねに一定の範囲の中にとどまっていて、そこから大きくはずれたり、飛び去ってしまったりするものはいない。そこに何か求心力でもあるように、離れそうになっては戻り、戻ったかと思うとまた遠ざかる。そんなことを繰り返しながら、群れはいつまでも飛びつづけている。

こういうのを「群飛」というが、群飛は双翅類の特技だといってもよい。夏の夕暮れの蚊柱といえば、昔はだれにでもおなじみのものだった。人を刺すカや人を刺さないユスリカのオスたちが何十匹も群れをなして、夕暮れどきのしばらくの間、飛びつづけていたのである。

なぜ双翅類はそんなことをしているのか？

昔ぼくが教えられた説明は次のようなものだった。つまり、双翅類は同類の仲間の飛んでいる羽音に敏感で、それに強くひきつけられる。夕方、日が傾いて一定の暗さになったので飛び立ったオスの双翅類は、たまたま同類の仲間の羽音を耳にし、それにひかれて飛んでいく。まもなくもう一匹のオスも同じようにしてやってくる。そうして次々に集まったオスたちは、互いの羽音にひきつけられあうので、そこから離れていくことができず、蚊柱となって飛びつづけるのだ、と。

つまり、オスのカたちは、同類の羽音にひきつけられて否応《いやおう》なしに集まってきてしまい、しばらくはそこから抜け出せないのだというのである。その証拠に、蚊柱の近くでアーという声を出してみるがよい。カたちが口の中へ飛びこんでくるはずだ、と本には書いてあった。ぼくは「アー」とやってみた。そうしたら、ほんとうに力が何匹か口の中へ飛びこんできた。

けれど、この一見「科学的」な説明は、生きものたちのやっていることを物理学的に説明することこそ科学であると人々が信じていた時代の産物であった。それはものごとの一面を説明していたにすぎない。

群飛とはもっと積極的なものであることがその後次第にわかってきた。

双翅類のオスたちは、仲間の羽音にひきつけられて受動的に集まってしまうのではない。彼らはさし出ている木の枝とか家の軒先とか、何か目立ったものを目印にして、積極的にそこへ集まってくるのである。そしてそこで飛んでいる仲間の姿を見ながら、仲間から離れてしまわぬよう飛んでいるのである。

そんなことをしていて何の得があるのか？

群れているオスたちをじっと見ていると、それがわかる。程なくして、オスたちの群飛の中へ、どこからともなくメスが飛びこんでくるのである。

そのメスの姿とメス特有の羽音でそれと察知したオスたちは、一斉にそのメスに殺到する。運よくメスに接触したオスは、そのメスを足先で捕え、一体となって地上に落ちる。そこで他のオスどもに邪魔されることなく、そのメスと交尾するのだ。

つまり、群飛しているオスたちのお目当てはメスであったのである。

双翅類のメスたちもオスと同じくたいへん良い目をもっており、オスたちが目印にした木の枝や家の軒先のところへ飛んでくる。そしてそこで群れているオスたちの姿を見て、その中へ飛びこんでくるのである。

カとかユスリカとか小さなハエのような多くの双翅類は、ちょっとした水たまりとか、草の根もとの土の中とか、それぞれの種類によってきまってはいるが、とにかくばらばらの場所で幼虫が育ち、親（成虫）になる。

だから成虫の現われる場所はばらばらで、どこにいるのかわからない。おまけに双翅類はみな小さく、チョウのように目立つ姿はしていないから、オスとメスが出合うのは大変である。どこにいるのかわからない小さなメスを、これまた小さいオスが探して歩いても、おいそれとはみつからないだろう。どうやら群飛はオスとメスの出合いの確率を高めるためのものらしいのだ。

ばらばらの場所で生まれたオスたちは何か目立った場所を目印にして集まってくる。メスもそういう場所を目指してやってくる。どういう場所が、どういう理由で目印になるのかはわからないが、とにかくこうして大まかな出合いの場所がほぼきまるのである。

そのような場所のどこかでオスたちの群飛ができあがると、今度はそれがもっとはっきりした目印になるのだ。

そのときにはオスの羽音も一役買っているだろう。飛んでいるオスの姿も他のオスをひきつける要因になるだろう。飛びこんできたメスの羽音も大切な信号であろう。蚊柱の近くでアーというとオスが口の中へ飛びこんでくるのもそのためだ。

こういう物理的なことがからんでいることは明らかで、それは群飛という現象を理解するために不可欠なことである。

けれどそれは不可欠なことの一つにすぎない。多くの双翅類たちがなぜ、何のために群飛をするのかという問いがなければ、群飛というものの理解には至らないのだ。

かつて、科学とはものごとの物理、化学的説明だと考えられていた。今もなおそう思っている人々が大部分である。ヒマラヤ山脈がどうしてできたかを理解するにはそれで足りる。けれどこと生きものに関してはそうではない。なぜ、何のためにを問わなければ、われわれは「科学的説明」にはぐらかされるばかりである。

花粉症

どうやら春先は花粉症の季節らしく、どこへいっても花粉症の人に出あう。ぼく自身もどうも去年あたりから年甲斐もなく花粉症になったらしく、くしゃみがでたり、目がかゆくなったりして、困る日がたくさんあるのである。

テレビにもちゃんと花粉情報というのがあって、今日は花粉は多いから注意とか、今日は少ないでしょうとかいう予測が、緑と黄の色がついたマークで表示されている。

ぼくはあのマークがどうもぴんとこない。黄色い部分が大きいほどたくさん花粉が飛ぶという説明だから、黄色いのが花粉を意味するのだろうし、それはよく実感できるのだが、黄色が下にあるのがよくわからない。たぶんだれかうるさい人が、何かうるさいことをいって、「正確さ」を売りものにしているNHKがそれに従ったのであろうけれど、少なくともぼくには花粉を示す黄色が下にあるというあの表現が、どうもそぐわないのである。

それはまあともかくとして、いったい花粉症とは何なんだろう?

ぼくが若いころ、花粉症なんていうものはなかった。子どものころには自家中毒とか、疫痢《えきり》とか、今は存在しない何だかわけのわからない病気がたくさんあったけれど、花粉症などというものは、ことばすら聞いたことがなかった。

いったいいつごろからこんな「病気」が始まったのか、考えてみてもわからないが、R・M・ネシーとG・C・ウィリアムズの『病気はなぜ、あるのか』（長谷川《はせがわ》眞理子他訳、新曜社）という大変おもしろく、得るところの多かった進化医学の本を読んでいたら、次のような記述があった。――「ジョン・ボストックが自分自身の花粉症の症状を初めて描写したのは、一八一九年の王立協会においてであり、その後、彼は、英国中の五〇〇〇人の患者を調べてみたが、その中で同じ症状をもつ人はたったの二八例しかなかったと報告している。記録によれば、花粉症は英国では一八三〇年以前には実質的に存在せず、北アメリカでは、一八五〇年以前には存在しなかった。日本では、一九五〇年以前には、その頻度は無視できるほどであったが、現在では人口の一〇分の一が悩まされている。」

日本では一九五〇年、英米では一八三〇年、一八五〇年と一〇〇年もちがうのは驚きであるが、いずれにせよ花粉症は昔は存在しなかった。それが単に記録の不備によるのでないならば、その間に何がおこったのであろうか？

花粉症の「出現」の理由についてはいろいろとりざたされている。文明が進んで人間がひ弱くなったからだとか、感覚が鋭敏になりすぎたからだとか。いちばんもっともらしく聞こえるのは、世の中があまりにも清潔になりすぎたので、人間の免疫機構がひまになってしまい、花粉のようなものにまで反応してみているのだという「説」である。

ぼくも気になるので少し調べてみたが、どうもよくわからない。つまり、どうもよくわかっていないらしい、ということがわかったということである。

人間の体には病原体となる細菌その他の異物に対する免疫のしくみがそなわっており、医学や薬などなかった太古の昔から、そのような異物に対抗して生きてきた。

免疫のしくみはじつに複雑微妙にできているが、要するにある細胞が異物を認識するとそれに対応した免疫グロブリンというタンパク質ができて、それがいわゆる免疫抗体として異物を抑えこみ、体外に排出してしまおうとするのである。

免疫グロブリンのことは英語でイミュノ（免疫）グロブリンというので、Ｉｇと略記する。免疫学の本を見ればわかるとおり、ＩｇにはＩｇＧとかＩｇＥとかいくつかの種類がある。

ＩｇＧ（免疫グロブリンＧ）というのはふつうの抗体であって、人間の体に異物が侵入してからこれができるのには多少の時間が必要である。

そして、IgG抗体はいつも体にそなわっているわけではない。同じ異物が再び体に入ってきたらそれに対するIgGを作る備えができているだけだ。お多福かぜの場合だったら、再びお多福かぜのウィルスが体に入ってきたら、それから急いでお多福かぜウィルスに対する抗体IgGが生産されはじめるのである。

ところが免疫抗体にはIgGタイプのものの他に、IgE（免疫グロブリンE）タイプのものがあるらしい。このIgEタイプの抗体は、量は少ないが、血液にのって体じゅうに広がり、ある種の細胞の表面にくっついて、そこでじっと異物の侵入を待っている。この本には、まるでばらまかれた地雷のように、と書かれていたが、この表現でぼくにはよくイメージが湧《わ》いた。

こうして細胞の表面で待ち伏せているIgEに、たまたまこのIgEに対応した異物が侵入してきて触れると、IgEの地雷はすぐさま爆発し、その細胞は何種類かの対抗物質を放出する。それにはたったの約八分間というごく短い時間しかかからないそうだ。そしてこの物質には例のヒスタミンなども含まれていて、ぜんそくがおこったり、じんましんができたりする。

これがアレルギーである。アレルギーは免疫反応の一つのタイプであるが、ふつうの免疫とはちがってきわめて短い時間で急速におこるのが特徴だといえる。

人間は子どもから大きくなってくる間に、いろいろな異物と出合い、それに対するアレルギー反応を「獲得」する。何に対してアレルギーになるかは、人さまざまであるが、なぜ「人さまざま」なのかはよくわかっていない。

とにかく人間は人によってさまざまな異物に対しておこるアレルギーに苦しんでいる。そのもとはといえば免疫グロブリンE（IgE）タイプの反応システムである。

なぜこんなものが存在するのか？　人間にとって害となる異物を急速に抑えこみ、せきとかくしゃみによって体外に追いだしたり、腫《は》れを生じてそれ以上体内に侵入するのを防いだりするためであることはわかる。けれど少々やりすぎではないか？　スギやマツの花粉などという、本来とくに問題とはなりそうもないものにまでそれがおこるのはなぜか？

ぼくは今ごろ年がいもなく花粉症になって、またわからないことが一つ増えた。

情報と信号の関係

近ごろはますます「情報」ばやりである。ちょっとした会話にも情報という言葉が飛び交う。ぼく自身も日に何十回となく、情報という言葉をほとんど無意識に口にしているではないか。

ふとそんなことに気がついたら、情報にまつわるいろいろなことを思いだした。今からもうずいぶん前、ある新聞記者の男が、外務省の女性上級職員に近づき、深い関係をもつようになった。そしてその人から外務省の機密文書を手に入れ、それをスクープしたという事件があった。裁判の結果この記者は有罪になったが、そのときの判決文には、この男が「情を通じて報を得た」とあった。

この判決の出たすぐあと、ぼくは東京でのある研究会に出席した。それは確か「情報とは何か」という研究会であった。つまりそのころには、まだこういうことが議論されていたのである。もちろん「情報化時代」などといわれはじめるよりずっと前のことであった。その会で聞いた合田《あいだ》周平さんの話がおもしろかった。合田さんは情報とは何かを論じながら、その新聞記者の判決の話にふれてこう言ったのである——「情を通じて報を得た。これです、情報というのは」。聴衆はみな一斉に笑ったが、何かよくわかったような気になったことは確かである。

思えばじつにのんびりした時代であった。今は情なんかないコンピューターのインターネットから、どんどん「情報」が出てくるではないか。

そのころぼくは、昆虫のオス・メスが相手を見つけだし、認知しあって子孫を残す配偶行動のしくみを研究していた。

小さな虫たちが広い空間の中でお互いの存在を知るのは大変なはずだ。そこには何らかのしくみで「空間の短縮」がおこっているにちがいない、などとぼくはかっこいいことを言っていた。

空間の短縮はどのようにしておこるか。それは虫たちが自分の存在を知らせる特殊な信号を発しているからである。たとえば、トゲウオという魚の一種であるイトヨのオスは、性的に成熟してなわばりを構えると、横腹の部分が著しく目立つ赤色になる。この赤い色がイトヨの成熟したオスの存在を示す信号になるのだということは、かつてのニコ・ティンバーゲンの有名な研究以来よく知られている。イトヨのオスやメスは、遠くからこの赤い信号に気づき、それに対してオスは攻撃、メスは求愛という行動にでるのだ。

そのうちに、この「信号」という言葉が次第に「情報」という言葉に変わっていった。つまり、「信号」と言わずに「情報」という表現を用いる人がふえてきたのである。そのあたりでぼくはどうもよくわからなくなってきた。イトヨのオスは「情報」を発信しているのだろうか？　単に腹が赤いというだけのことなのではないか？

道路の交通信号は青、黄、赤と変わり、人も車もそれにしたがって進んだり、止まったりする。その色が進んでよいか、止まるべきかを知らせる重要な情報だからである。けれどそれは、信号の意味を知っている場合に限っての話である。青が進め、赤が止まれだということを知らない人にとって、信号の色は何の情報にもならない。

モンシロチョウでは、メスのはねの裏側は黄色っぽく、そして紫外線を反射している。モンシロチョウのオスのはねの裏側も同じように黄色っぽいが、あまり紫外線は反射していない。

黄色くて紫外線を反射しているモンシロチョウのメスの裏ばねは、モンシロチョウのオスにとっては、自分と同じ種のメスである、つまり自分の性行動の対象であるという重要な情報である。小さなチョウにとってはかなり遠いにちがいない一メートルほどの距離から、オスはめざとくメスのところへ飛んでくる。

しかし、メスはそういう色をしたはねをもっているというだけだ。紫外線だって自分で発しているわけではなく、はねの鱗粉《りんぷん》の構造ゆえに、はねに当たる日光の中の紫外線が反射してしまうだけのことなのである。そしてメスを探しているオスのモンシロチョウは、勝手にその情報を読みとって、メスに飛びつく。

だからメスにとっては迷惑なこともある。空腹で一心に花のみつを吸っているのに、いきなりオスに飛びつかれることもしばしばおこるからだ。そんなとき、メスはパッとはねを開いて、オスを拒否する。すぐこの情報を理解して飛び去るオスもいるが、しつこくつきまとう物わかりのわるいオスもいるのである。

モンシロチョウのメスはいつも同じ姿と色をしており、その意味ではいつも同じ信号を発しているのだが、アゲハチョウのオスにとってこれは何の情報にもならない。だからアゲハチョウのオスがモンシロチョウのメスに飛びついてくることはない。そして紫外線が見えないわれわれ人間にとっては、モンシロチョウのメスのはねは信号にすらならない。

夜、暗い中でメスを探すガたちの場合、色は信号としても情報としてもほとんど役立たない。光がなければ色もないからである。

多くのガたちが使っているのは例の性フェロモンである。

いうまでもなく、ガの性フェロモンはメスのガが自分の体の中でつくりだして、夜の一定の時間帯にそれを空中に放つ。この場合、ガのメスは積極的に信号を発しているのである。

性フェロモンの匂《にお》いというこの信号は、やはり信号にすぎない。なぜならそれは、異なる種のガのオスに対しては何の情報にもならないからである。

そしてそれが情報としての意味をもち得るのは、その匂いがかなり強い場合だけである。つまり、飛びまわっているオスが自分と同じ種のメスから一メートルとかせいぜい二メートルという距離のところをたまたま通過したときに、はじめてオスは「このあたりにメスがいるらしいぞ」という情報を得るのだ。

こんなふうに考えてきたぼくにとって、情報ということばの氾濫《はんらん》はどうも問題だと思えてしかたがない。情報はそれを求めているものにとってのみ情報なのである。あらゆるデータを情報と呼ぶのは、やはり何か間違っていると思えるのだが。

シダ

もうゼンマイの葉も開き、シダの季節である。

シダといえば、ワラビ、ゼンマイ、コゴミぐらいしかなじみがないと思われるかもしれないが、どういうわけかぼくはずっと以前から、シダという植物に特別の親しみを感じてきた。

そのような気持のそもそもの始まりは、どうやらぼくが成城《せいじょう》学園の中学校に入ったときにあるらしい。

成城学園の講堂は母《はは》の館《かん》と呼ばれている。演壇をはさんだ左右の壁の右側には、一つの大きな絵がかかっていた。それはのどかな春の山の絵であった。山すその斜面にまばらに生えた若草の間に、何本かのワラビが萌《も》えだし、一匹の黒いアゲハチョウがゆったりと飛んでいる。

小学生のころから東京・高尾の山に憧《あこが》れて、春がきたら山にでかけていたぼくも、こんなのどかな光景はまだ見たことがなかった。ほんとうに春らしい絵であった。一度でいいから、こんな春を見てみたい。何かの式やだれかの話を聞く機会に母の館に入るたびに、そういう思いがつのるばかりだった。

　こうしてこの絵の中のワラビの姿がぼくの心に焼きついてしまったのだろう。このワラビに象徴されたシダという植物が、ぼくにとって特別な存在になった。

　考えてみると、シダとはふしぎな植物である。

　シダは今から四億年も前の古生代シルル紀に現われたとされている。そのころのシダ類はもちろん今のシダとはかなり異なるものであったが、今から二億年ほど前の中生代三畳紀になると、古生代のシダと現在のシダとの中間のものが現れはじめ、それがさらに一億年たつうちに、現代のシダとよく似たものに変わっていったという。

　つまりシダという植物は、とてつもなく古い、中生代という時代から生えていたのである。今のシダと同じものが出てくるのは、今から約五〇〇〇万年前の新生代第三紀だ。

　こんなに古くからの植物なのに、シダは今でも元気で栄えている。中生代に現われて中生代に滅びてしまった恐竜などとは、くらべものにもならないのである。

　今、少し山すそに入ればゼンマイはすぐみつかるし、ワラビはどこの野原にでも生えている。春先のワラビとりは楽しいが、葉の固くなった夏のワラビにはだれ一人振り向きもしない。

　山の牧場にもワラビはたくさん生えているが、牛たちはワラビを食べようともしない。それはたくさんありすぎるからではなく、ワラビにはビタミンB_1を分解してしまう酵素が含まれているからである。

　牛たちはちゃんとそれを知っていて、ワラビを食べない。だから牧場の草は次々に牛たちに食べられていっても、ワラビは残る。こうしてワラビはふえていく。そして他の多くのシダ類にも同じような酵素が含まれているらしく、シダは草食獣に食われることがないようである。

　われわれ人間も、ワラビやゼンマイを生で食べることはしない。必ず湯がいたり、煮たりして熱を通す。それによってビタミン分解酵素がこわれてしまうのだ。

　いうまでもないが、シダには花もなく、したがって種子もない。いわゆる隠花植物である。

　そのかわりシダは胞子をつける。シダの葉の裏には、その時期になると一面に胞子がつく。それがまた独特の美しさだ。

　しかしどのシダも胞子を葉裏につけるとはかぎらない。光合成をしてデンプンを作る栄養葉と、胞子をつけるのが専門の胞子葉とをはっきり分けているシダもたくさんある。

そういうシダの胞子葉にはびっしりと胞子がかたまってつく。胞子はたいてい黄色っぽい色をしているから、胞子葉全体が黄色にみえることも多い。

そうすると、緑色の栄養葉の間から伸び出た胞子葉は、黄色い花のようにみえる。かつて「波」誌の「猫の目草」に書いたフユノハナワラビというシダは、その典型であろう。他に花とてない冬の草むらの中で、フユノハナワラビの胞子葉は、輝くばかりの黄色い花のようにみえる（新潮文庫『春の数えかた』所収。八二ページ）。

かつて顕花植物がまだ存在していなかったころ、こういうシダの胞子葉には、胞子を食べる昆虫が集まってきたらしい。胞子は栄養分が豊富だから、虫たちはそれを食べにきたのである。

虫たちのこのような習性が、のちに花というものをつける顕花植物が現れたとき、虫と花を結びつけることになったのであろうともいわれている。

胞子は地上に落ちて芽を出し、そののちに受精がおこなわれる。そしてそれからわれわれの目にふれるシダになる。胞子が芽を出すには湿気が必要だ。だからシダは日かげの湿った場所によく生えるし、大型のシダが群生して、自分たちで湿った環境を作りだしていることも多い。

パリに近いブーローニュの森もそんな場所だった。かつて読んだ横光利一《よこみつりいち》の『旅愁』という小説には、主人公の矢代が友だちの千鶴子を連れてブーローニュの森へいく場面がある。二人は大きなシダの生い茂った中に迷いこんでしまい、そこから脱け出すので汗まみれになる。ぼくはパリでふとこのくだりを思いだし、ブーローニュの森へいってみた。シダはほんとうにうっそうと茂っていた。

けれど牛にも食べられないシダも、ある昆虫は苦手らしい。シダは古くから存在していた植物なのに、それよりずっと新しく現れた顕花植物ほど虫に食われない。ぼくは昔からそれをふしぎに思っているのだが、じつはシダを専門に狙《ねら》う虫がいるのである。

それはその名もシダハバチ（葉蜂）類という原始的なハチの仲間である。この仲間のハチは、春、シダの若葉が伸び出すころ親になり、シダの若葉に卵を産みつける。そしてその幼虫たちは、まだ柔らかいシダの葉を食い荒らすのだ。ゼンマイハバチ、ワラビハバチ、イヌワラビハバチ、スギナハバチ、何何ハバチと、一つ一つの種類のシダを専門に食べるシダハバチがいる。シダはやはりふしぎな植物である。

ある小さな川のホタル

一〇時半の電車で娘が帰ってくるから、迎えかたがたホタルを見にいかない？　と妻のキキがいう。え、ホタル？　ホタルがいるの？　半信半疑のまま、ぼくはついていった。

叡山《えいざん》電車の二軒茶屋駅まで五分そこそこの道は、加茂川の支流である長代川という小さな川に沿っている。

昔はきれいな川だったろうが、次第に家がふえてきたために、一時はどうということもない川になってしまっていた。

駅より少し下流へいけば、まわりが畑になり、川も少しは川らしくなって、ホタルもいた。駅の近くでもときにホタルを見ることもあった。けれど叡山電車の乗客もふえ、電車の本数もふえてくるにつれて、そんなことも稀《まれ》になった。駅前の田んぼが急になくなってマンションに変わってしまってからは、カエルたちの声を聞くこともなくなった。だからぼくには、その川でホタルが見られるなどとは思えなかったのである。

川は道よりだいぶ低いところにある。両側はコンクリートで護岸工事がされており、道からは川を少しのぞきこめる程度である。こんなところにホタルなんかいるのだろうか。

何年か前、住民の希望とやらで川岸に工事が施され、道から一段低いところにコンクリートの歩道が作られた。川はますます狭くなり、近ごろ流行《はやり》の親水公園のような姿になった。市はまたつまらぬことをしてくれたと、ぼくはもうこの川への愛着もほとんど失ってしまった。

ところがである。ここからじゃ見えないから下の道を歩こうよ、といわれるままにその歩道へ降りてみて、ぼくは驚いた。

川の中に茂った草に点々とホタルが光っているではないか！

それは草の葉にとまって光を点滅しているメスのホタルたちだった。

だがそこへ、スーッと光りながら、オスのホタルが飛んできた。急いで見まわすと、そこにもこっちにもそういうオスが何十匹も飛んでいる。まさにすばらしいホタル、しかもゲンジボタルの乱舞であった。

どれか一匹のオスを目で追っていくと、それはまもなく葉蔭《はかげ》で点滅している光を見つけ、回りこむようにしてそこへ近づいてゆく。そしてしばしためらうような動きののち、二つの光が接したかと思うと光は消える。そんな出会いがそこでもここでもおこっていた。

駅への出迎えも忘れてホタルに見入っていたのもほんのつかの間。電車が着いて人々が次々に道を通っていく。その中から娘を見つけて呼びとめると、娘も歩道に降りてきた。こうしてぼくらは、思いもかけぬ二軒茶屋の川のホタルとのひとときをすごしたのである。

かつての親水歩道の工事のあと、川の草はすべて取り除かれ、いわゆるきれいになった水の中には、魚たちの姿も見られるようになった。それはごく平凡な川の姿であった。

その後しばらく気にもかけていないうちに、川には草が一面に茂ったのである。そのことがこのたくさんのホタルの出現とどう関係しているのか、ぼくにはまだよくわからない。

かつてぼくが「日本ホタルの会」の会長をしていたころ、あちこちのホタル復活の動きを見てまわった。その中でぼくは、ホタルについていろいろなことを学んだ。

ホタルに関心のある人ならだれでも知っているとおり、ぼくらがホタル、ホタルといっているのはゲンジボタルとヘイケボタルのことである。そしてこの二つのホタルは、世界にもほとんど例のない変わったホタルなのである。

世界じゅうにホタルは二〇〇〇種類ほど、そのうち日本には約五〇種類いるとされている。新種のホタルも次々に見つかっている。けれどそれらは、幼虫が陸上に棲《す》み、カタツムリその他のような陸上の貝や虫を食べて育つ。ヨーロッパのホタルもそうであるし、名古屋城のホタルとして有名なヒメボタルもそうである。

そういう中で、日本のゲンジボタルとヘイケボタルだけは、どういうわけか幼虫が水の中に棲み、水中の貝を食べて育つのである。だから、ホタルこい、ホタルこい、こっちの水は甘いぞ、という歌は、日本のゲンジボタルとヘイケボタルにしかあてはまらない。

甘い水というのはきれいな水という意味だろう。ホタルといえば清らかな水とだれもが思う。たしかにきたない汚れた川にホタルはいない。けれど清らかすぎる水にもホタルは棲めない。理由はかんたん。水が清すぎたら、ホタルの幼虫の餌《えさ》である貝の食べものがないからだ。

川は適当に汚れていなければならない。その適当さ加減が問題なのである。

けれどそれだけではない。水の深さも問題である。流れの速さも問題である。一メートルもある深い川はだめであるし、浅すぎる川もだめである。どれにも餌の貝が棲めないからだ。

では貝がいればいいのか？　そうとは限らない。これもだれでも知っているとおり、ホタルの幼虫は成長しきるとサナギになる。そのとき幼虫は川岸の土に這《は》いあがり、土に穴を掘ってその中でサナギに脱皮する。川の岸がコンクリートや石で護岸されていたらだめなのだ。

町の中の、岸も底もコンクリートで固められた川で、ちゃんとホタルが出るところもある。行って見るとその川にはあちこちに土が積もっており、そこに草が生えている。河川管理という点では失格の、だらしない川だろう。けれどそれがホタルを生かし、町の人たちにホタルのたのしみを与えてくれているのである。

川は美しいが、両岸の山が整然と管理された杉林というところにもホタルはいない。どうやらホタルは杉林が嫌いなようである。

いつのまにか草の生い茂った二軒茶屋の川のホタルたちを見ているうちに、こんなことをいろいろと思い出した。

それにしても、ホタルたちはしたたかである。彼らが生きるための条件はむずかしい。けれど彼らたちにしても、生きて子孫を殖やしていきたいことに変わりはない。

ほんのちょっとしたことでホタルたちは戻ってくる。問題はわれわれ人間がその「ちょっとしたこと」に気づけるかどうかなのである。

セミはなぜ鳴くの？

やっとセミが鳴き出した。

じつはぼくはこのところ、セミが鳴き出すのを今日か明日かと待っていたのだった。それというのも、ぼくが非常勤で所長を兼ねている京都市青少年科学センターで、今年（二〇〇二年）から正式に始めた子ども向けのお話シリーズの一つとして、「セ「セミはなぜ鳴くの？」というのを七月一三日にやることになっていたからである。今年は暑いからその日までにはセミが鳴きだすだろうと思っていた。ところがなかなかセミの声が聞こえてこない。

セミがそこらで鳴きだしてくれないと、子どもたちもなかなかセミのイメージが湧《わ》かないだろう。セミの声のテープを用意しようと思ったが、探してみるとなかなか適当なものが見つからない。困ったな。

幸いにして七月の一〇日、やっと庭のサクラの木からセミの声が聞こえてきた。チィーと静かに沁《し》み入るようにひびくニイニイゼミの声である。よかった。洛北《らくほく》のここ二軒茶屋で鳴きだしたのだから、町なかではもう少し派手に鳴いていることだろう。

思ったとおり、当日には、京都市南部の科学センターでは、ニイニイゼミだけでなく、アブラゼミの声も混じっていた。

「セミはなぜ鳴くの？」というのはだれしも抱く疑問である。あんな小さな虫があんな大きな声で、あれほど熱を入れて鳴くからには、ちゃんとしたわけがあるにちがいない。

前にも書いたが、『昆虫記』で有名なファーブルも、かつてこのことを問題にした。セミたちはああやって鳴くことによって、互いに交信しあっているのだろう。でもそのためにはセミどうしで互いの声が聞こえなくてはならない。でもセミには耳らしきものがない。ほんとに聞こえているのだろうか？

こういう疑問をもったファーブルは、セミたちがさかんに鳴いている木立の近くに何人かの男を集め、大声を張り上げてもらった。けれどセミは平気で鳴きつづけている。セミには大声が聞こえていないのかな？

それならもっと大きな音を、というのでファーブルは、村のお祭りのとき使う大砲を借りてきた。そして火薬をつめ、ドカーンと発射してみた。

それでもセミは平気だった。何事もなかったように鳴きつづけている。そこでファーブルは結論した――セミには音は聞こえない。だからあのセミたちの歌は仲間どうしの交信のためではない。セミは暑くて気持ちがいいから、楽しげに歌ってしまうだけなのだと。

ファーブルのこの結論は当たっていなかった。セミはあの声でメスを呼んでいるのだということも、セミが腹部に立派な耳をもっていることも、今ではちゃんと証明されている。

しかし、セミたちの耳はセミたちの声にチューニングされており、人間の声や大砲の音はその可聴範囲の外にあったのである。

「セミの夫たちは幸せである。なぜなら彼らの妻たちはしゃべらないからだ」とかつてギリシアのアリストテレスがいった有名なことばどおり、鳴くのはセミのオスだけだ。メスは自分と同じ種のセミのオスの声にひきつけられ、オスの近くへ飛んできてとまる。オスはそのメスに近寄っていき、ちょっとしたお近づきの儀式ののちそのメスと交尾する。

もちろんその際に、メスはオスの声をよく聞いて、良いオスかどうかを判断している。いわゆるフィーメイル・チョイス（メスによる配偶者選び）である。このプロセスは多くの研究者によって観察されているし、写真家今森光彦《みつひこ》氏の見事な写真もある。

同じく鳴く虫の例とされるコオロギ、キリギリス、バッタの仲間でも、オスが鳴くのはメスを誘うためであることがわかっている。けれど、彼らの鳴き声で彼らの存在を知ってやってきて、卵を産みつけていく寄生バエもいる。オスはあまり大きな声で鳴くと、メスばかりでなく、自分の体に寄生しようとする寄生バエまでひきつけてしまうのである。しかし鳴かなければメスもきてくれない。「男はつらいよ」というのは人間ばかりではないのだ。

「セミはなぜ鳴くの？」という問いに、かつてファーブルは見当ちがいな答えを出したかも知れないが、今、ぼくらは明確な答えをもっている。けれど逆にそれだからこそ、ぼくにはまたどうもよくわからない疑問も生まれてきてしまうのである。

たとえばもう二〇年近く前、ボルネオの原生林で何度も経験したことだ。そこはボルネオ島（カリマンタン島）の北部、マレーシア連邦サバ州のセピロク原生林であった。親が人間に殺されたり捕獲されたりしたオランウータンの孤児のリハビリテーション施設もあるここは、サバ州の自然保護活動の中心の一つである。

ぼくらはそこの小屋の一つに泊まらせてもらい、いろいろな調査をしていたが、夕方になるときまった時刻にセミの声が聞こえてくる。赤道直下にほぼ近いセピロクでは、毎日夕方六時を過ぎると日が落ち、急速に暗くなる。森はほとんど夜になって夕焼けの明るさだけが残っているかという午後六時半。突如として森からケケケケケッというような声がする。ぼくらが六時半ゼミと呼んでいた、ヒグラシに似たセミの声である。前にも述べたとおりこのセミは、ケケケケケッと二、三度鳴いたかと思うと、その場所での声はふっつり途絶え、少しして声はかなり離れたところに移る。そしてまたケケケケケッ、ケケケケケッと二声、三声。と思うと声は途絶えてまた別の場所へ。こうして何回か鳴くうちにセミの声はどんどん遠ざかっていってしまうのであった。

何匹かがべつべつの場所で鳴いているのかとも思ったが、どうもそうではないらしい。鳴く場所を次々に変えていくとしか思えないのである。

メスはいったいどうするのであろうか? こんなに性急に位置を変えていくオスに、ちゃんと近づいていけるのであろうか?

先ほどのコオロギのときのように、メスを誘う鳴き声は寄生虫をも呼んでしまう。オスはきっとそれを避けるために、転々と鳴き場所を変えるのかもしれない。

しかし、それにしてもメスは大変である。

もう日もすっかり暮れた夜の原生林を仰ぎながら、果たして二匹はうまく出会えたろうかと、気になってしかたがない夜ばかりであった。

西《いり》表《おもて》島《じま》

沖縄の西表島は、琉球《りゆうきゆう》列島の南西の端にある。

東京から約二〇〇〇キロ。沖縄本島の那覇《なは》経由または直行便で石垣島まで飛び、石垣の港から高速船に乗る。ものすごい速さで真っ青な南の海を突っ走ること約四〇分。船は西表につく。

西表島の西はすぐ台湾だから、ほとんど日本の最西端。しかも台湾の台北《タイペイ》よりも南に位置している。

羽田や関空から約二時間の飛行機と、石垣からの船を合わせて三時間ほどの旅で西表に着くと、そこはもう南国。美しい青い海と珊瑚礁《さんごしよう》。マンゴーやパインは実り、マングローブの茂る川を船でさかのぼれば、水量豊かな滝が現れ、山には生きた化石と称されるイリオモテヤマネコが棲《す》む。観光案内には日本最後の秘境、南の島の楽園とある。そしてまさにそのとおりだ。

西表島は行政区画としては近くの竹富島《たけとみじま》、黒島《くろしま》、鳩間島《はとまじま》、日本最南端の波照間島《はてるまじま》、そしてNHKの朝ドラマ『ちゅらさん』で有名になった小浜島《こはまじま》などとともに、沖縄県八重山《やえやま》郡竹富町に属している。

石垣島は全島が石垣市で、行政区画としては別である。ところが、西表島の所属する竹富町の町役場は竹富島ではなく、石垣島の石垣市にあるのである。西表をはじめとして竹富町に属す島の人々は、自分たちの町役場で住民票をもらうときは、別の町である石垣市へ出かけていくのだ。

なぜこんなふうになっているのかぼくはよく知らないが、こういうことは他にあまり例がないだろう。竹富町役場を西表島にもってこようという動きは前々からあって、その予定地もほぼ決まっており、島のそこここには、「町役場移転早期実現」という看板が立てられている。しかし実現にはまだしばらくはかかりそうだという。

この幻想的な南の楽園、西表島は、小さな島だと思っている人が多い。ところがけっしてそうではない。西表島の面積は約二八四平方キロ。ジェット機の発着する空港もある石垣島（面積約二二二平方キロ）や宮古島（同じく一五八平方キロ）よりも大きくて、琉球列島の中では沖縄本島に次いで二番目の大きさの島なのである。

ところがその大きな西表島の住民は、わずかに二〇〇〇人ほど。石垣島の約四万人、宮古島の約五万人に比べたら、驚くほど少ない。それは西表島の大部分がかなり高い山から成っており、耕地として人の住める平野部がごく少ないからである。

そしてこの地形が西表のすばらしさと表裏一体になっている。

大きいとはいっても、それは琉球列島の中ではという話であって、西表は所詮《しょせん》小さな島である。小さな島は水がない。それがたいていの島の根本的な悩みである。数年前に訪れたギリシアの有名な島々も、すべて水には苦労していた。

ところが西表島には豊かな水がある。島とは思えぬ大きな川がいくつかあり、その上流には大きな滝がある。それはひとえに西表島の高い山々と深い森のおかげである。その深い森にはたくさんのハブもいて、人は容易に近づけない。この山と森が雨と水をとらえ、豊かな水をもたらしてくれているのである。

同じ竹富町に属する竹富島、黒島などは珊瑚礁でできた島であり、船から見れば一目でわかる通り、驚くほど低い平坦《へいたん》な島である。そういう島には水がない。雨水をためるだけが水を得る道であった。今それらの島には西表島から海底のパイプで水を供給している島もある。小浜島や波照間島は珊瑚礁島ではなく山もあるけれど、最高峰が高さそれぞれ一〇〇メートル、六〇メートルにすぎず、同じように水は大きな問題である。波照間島は多額の費用をかけて海水の淡水化をおこなっている。その意味では西表は恵まれている。

けれど、水がなければ蚊もいない。反対に水の豊かな西表は、昔はマラリアに悩まされていた。かつて琉球王朝の命令で西表に移住した人々の村は、みなマラリアのおかげで廃村になってしまった。

水がなくて耕作のできない平たい島の人々は、かつては毎日、船で西表にやってきてわずかな農地を切り開き、耕作をして、夕方にはまた船で自分の島に帰っていったという。

住民の少ない西表島には高校がない。あるのは複合学級の小・中学校だけで、それも入学者の減少で廃校の危機にさらされている。

高校に入るには石垣か那覇へ出なければならない。親類を頼って本土へ渡る子どももいる。いったん都会へ出た子どもたちは、もう島へは戻ってこない。女の子はたいてい町で結婚してしまう。長男や次男は家や家業を継ぐためにやがて島へ戻ってくるが、島には嫁となるべき若い娘はいない。結局、島の嫁は本土から連れてきたナイチャーばかりになる。

島の祭りも問題である。祭りには若い人手が要る。けれど島育ちのそういう若者はいない。本土から島に憧《あこが》れてやってきた人たちの手を借りるほかはない。こんなことをしていたら島の文化はやがて変貌《へんぼう》していってしまうのでは？

八重山の言語という重大な問題もある。八重山の島々には、それぞれの島特有のことばがある。さかんに標準語を推奨したNHKや共産党のおかげか知らないが、今、そういうことばはほとんど消滅して、物の名前ぐらいにしか残っていない。この問題をどうするのか？

島の人口を増やせばよいという考えもあるだろう。島の山の木を伐《き》り払って農地にすればよいのかも知れない。けれどそんなことをしたら、たちまちにして水はなくなるだろう。そういう失敗の例は世界各地にいくらでもある。どういう理由からかやたらと整備され広くなった島の道路のおかげで、観光のねたの一つであるヤマネコの交通事故が増えているというし、多様性を誇ってきた島の生きものたちの棲息地《せいそくち》分断も始まっているようだ。

西表という楽園には、こういう問題がたくさんある。それは世界に無数にある島の抱えている問題と共通した、昔ながらの、そして社会経済の今日的課題を多数含んだ地球環境問題である。一日も早く、真剣に、学術的に取組まねばならない。

草と「雑草」

毎年この季節になると、夏の間に草や木がよくまあ茂ったものだと思う。二階の部屋の窓から見える向かいの山の木々も、通りすがりの道ばたの草も、暑かった日々の日ざしを存分に浴びて、葉を茂らせ、枝を伸ばしている。

考えてみると、日本にはなんと緑が多いことだろう。東京への出張でしばしば往復する新幹線の車窓から見ていても、すこし町をはずれたら、どこも緑の山と田畑である。

そんなときぼくはいつも、飛行機から見下ろした外国の砂漠のことを思い出す。たとえばオーストラリアのシドニーからシンガポールへ飛んだときのこと。

シドニーを発《た》ってしばらくは、眼下に広い草原が広がっていた。きっとあの草原にはカンガルーたちが跳びはねているのだろうなどと、ぼくは他愛のない想像を楽しんでいた。

けれどやがて飛行機は、砂漠地帯にさしかかった。高空から見る限り、一木一草もなさそうな褐色の大地。はじめのうちぼくはその珍しい光景にみとれ、カメラのシャッターを切りつづけた。

そんな光景が一時間近くも続くと、さすがに飽きてきて、眠りこんでしまった。一時間も経《た》ったろうか。ふと目をさまして、もう砂漠は過ぎたかなと見下ろすと、眼下の光景は何も変わっていない。砂漠はえんえんとつづいていた。

砂漠が終わって西海岸の緑がみえてくるまで約四時間。ぼくは砂漠の驚くべき広さに恐れすら感じた。

今年の一月。研究所のしごとで中国の蘭州《らんしゅう》へいったときもそうだった。山々は完全に裸だった。一月の真冬だから緑がないのではない。見渡す限りの山々に、木というものが一本もなく、みえるのは裸の土ばかりなのである。

寒いが雨があまり降らない土地なので、雪もほとんどない。乾きはてた黄褐色の山がどこまでもつづく。

そのときぼくが訪れたのは、中国科学院の寒区旱《かん》区環境与工程研究所であった。寒くて乾燥した地域の環境というのはすぐ理解できたが、「工程」というのがわからなかった。

この地域はもともとは木に覆《おお》われていた土地である。人々が長年の間にその木をみな伐《き》って建材や燃料に使ってしまったために、もう木が生えなくなってしまったのだ。中国は今、ここに再び木を植えるしごとに必死で取組んでいる。しかし寒くて水もない山では、お互いに支えあってきた木が一本もなくなってしまうと、せっかく植えた木の苗も容易には根づかず育たないのだ。「工程」ということばの意味がよくわかった。

その意味で日本は幸せである。海に囲まれて高い山もある島だから雨はよく降るし、夏は台風が水をもってきてくれる。冬は大陸から雪がもたらされる。そして夏は暑く、植物はどんどん茂る。草は生えすぎて困るくらいだ。

昔から日本では、田畑の収穫を確保するために、草取りが欠かせなかった。ほっておけばたちまち草が生えて、作物が負けてしまうからである。

春を過ぎたらすぐ乾いた枯草の季節になるヨーロッパでは、畑の草取りの必要はない。夏になったら草は早々に実をつけて枯れてしまう。ぼくは昔、フランスでこれを見て、つくづく驚いた。鯖田《さばた》豊之《とよゆき》氏の『肉食の思想』という本で読んだ、こういう乾燥した土地では、枯れた草を牛や羊に食べさせて、その肉を主食にする他はないということがよくわかった。

つまり、世界の多くの土地の人々は草の生えないことと戦ってきたのに対して、日本では人は草の生えることと戦って生きてきたのである。

このことがどうやら、日本の美学に深く根づいてしまったような気がする。「八重むぐら茂れる宿のさびしきに……」という昔の歌がある。家のまわりの草を取るゆとりもないことを嘆いたものだろう。草は抜いて、きれいにしておかねばならないのだ。

日本では昔から、人の目に触れる場所に草を生やしておいてはならないという感覚がしみついていた。

昔も今も、たいていの大学のキャンパスでは、定期的に金をかけて草を刈る。郊外の大学ではキャンパスの中に、いろいろな野草がいつのまにか生えてきて、小さなかわいらしい花を咲かせてくれる。それは情緒的にも大切なことであると思うのだが、管理者である事務局は、ある日それらの草を一掃してしまう。大切なのは人工的な芝生なのである。

人為的に植えた草以外は雑草と呼ばれる。世界のどこでもこれは変わりないが、日本ではそれが極端である。道ばたにすら雑草の生えることは許されない。

かつて彦根《ひこね》の学長公舎に住んでいたころ、公舎の庭には芝生があった。そこにはいろいろな草が生えてきて、思い思いの花を咲かせ、チョウやいろいろな虫がやってきた。ぼくにはそれがひとときの心のやすらぎであり、楽しみであった。

しかし大学には、町の住民からしばしば苦情がきた。芝生に草が生えている。うちの庭に雑草のたねが飛んでくるから、大学はちゃんと管理せよ。そもそも草が生えていることは公舎に人が住んでいないからではないか、それは税金のむだ使いだ。

事務局のたっての依頼で、「仕方がない。大きな草だけ抜いて下さい」とぼくは答えた。翌日、大学のしごとを終えて公舎に帰ったら、芝生の草は可憐《かれん》なネジバナに至るまですべて完全に抜き取られていた。残っていたのは、彦根在来の草ではなく、人が植えた外来の草だけであった。

道ばたの草は許さない、団地の隅にやっと生えて小さな花を咲かせた草も草取りデーにすべて抜く、木は思うままに刈り込んで整える。それが日本の美的感覚らしい。最近は自然の美とかいって草花を愛する人が増えている。けれどそれも外来の植物を中心としたガーデニングである。ほんとうの自然の草は依然として「雑草」だ。こんなことで「自然と共生する」などということができるのだろうか?

舗装された道路のへりのほんのすきまに、野生の草がなんとか根づき、必死でいくつかの花を咲かせて子孫を残そうとしている。教育の世界でのこのごろのことばを使えば、それこそ植物たちの「生きる力」ではないのか。

農業は人類の原罪か？

『農業は人類の原罪である』という本が出ている（コリン・タッジ著、竹内久美子《くみこ》訳、新潮社）。

この本では多くのことが論じられているが、今関係のあるのは、人間は農業をはじめたことによって食料を確保できたけれど、その結果人口が増えはじめ、それを養うために農業をたえず拡大せねばならぬ悪循環に陥ったという試論である。

それはまさにその通りだと思われる。かつて第三世界における農業の生産性を抜本的に高めた「緑の革命」の成功が、声高々に讃美《さんび》されたことがある。これで第三世界の食料問題は解決される。世界じゅうの誰もがそう思った。

しかしその結果は著しい人口増となり、第三世界の悲惨さは解消されるどころか、さらに新たな人口問題を生むことになってしまった。今日では「緑の革命」は大きな失敗であったと考えられている。

中央アジアの大湖アラル海の事実上の消滅も、農業の拡大が引き起こした悲劇の一つである。

「環境問題とクロマニョン型文化」（本書七七ページ）でも書いたように、今では誰知らぬ者もないアラル海の話は、要するに旧ソ連政府の強引な農業化政策の結末であった。

カザフスタンを中心とする中央アジアの乾燥地帯では、古来、遊牧がおこなわれていた。遊牧より農業のほうが生産性が高いと単純に信じこんだ旧ソ連政府は、この乾燥地帯を広大な農地に変えるべく、大々的な作業にとりかかった。半砂漠地帯を流れるアム・ダリャ（アム河）、シル・ダリャ（シル河）という二つの大河から水を引いて、ワタの栽培をはじめたのである。

ソ連の土木・灌漑《かんがい》技術のおかげで広大な農地ができあがり、ワタの収穫は成功裡《り》に拡大していった。何十万という農民も移り住んで、農業生産に取りくんだ。ソ連はそれまで自国で生産できなかったワタの一大農地を得て、それを手放しで讃美した。

けれどアム・シル二河川は、世界第四位の大きさを誇る湖アラル海を養う大切な河であった。その水をよそへ引いてしまえば、アラル海が干上がってしまうのは火を見るよりも明らかなことであった。

事実、アラル海は縮小し始めた。湖の水が減っていくに連れて、もともと多少の塩分を含んでいた水の塩分濃度は高まっていき、魚も死んでいった。古来からのアラル海水産業は崩壊した。

塩分の呪《のろ》いは農地にも及んだ。大規模な灌漑でできた農地では、水は土の表面から絶えず蒸発していく。今ではよく知られているとおり、そのとき水は地中の塩分を吸いあげていく。何年か経《た》つうちに農地にはこうして吸いあげられた大量の塩が蓄積してきて、もはや植物が育たぬようになる。一時の肥沃《ひよく》な農地は、塩にまみれた広大な荒地と化した。草も生えないので、再び遊牧に戻ることもできない。

アラル海を失ったばかりでなく、遊牧の土地も失われて、あとには何一つ生産できぬ砂漠が残っただけである。

この取り返しのつかぬ事態も、先見なしに農業を持ち込んだことの結果である。同じようなことは、世界各地でおこっている。中国の黄河流域の話はよく知られているし、ブラジルその他、熱帯林を切り開いて農地化している地域は数えきれずある。

日本だって事情は同じである。各地で湿地の干拓がおこなわれた。琵琶《びわこ》湖の周辺では多くの内湖が干拓され、農地に変わっている。干拓は大事業であった。それを誇る干拓記念館のようなものが、あちこちに建てられている。

たしかに戦中から戦後にかけての食糧難の時代、干拓は米の生産確保に大きな役割を果たした。しかし今、干拓によって生じたゆがみの結果、湖の水産物はひどい状況になってしまっている。それも農業生産を第一に考えたことの結果である。

人間はいつから農業をはじめたのであろうか？

考古学の研究では、農業は約一万年前にはじまったとされているが、この『農業は……』という本ではもっとずっと前からだといっている。おそらくそうであろうとぼくも思う。自然に依存するのでなく、自然に手を加えて生きようとしたことが、人間のいわば宿命であったのかもしれない。それによって人間はすこしずつ成功していって、世界各地に広がっていった。農耕もその一環であったことはまちがいない。

自然と対決して生きることで、人間は数々の技術を生みだし、それを発達させていくとともに、自然を客体視して自然から多くのことを学んだ。それが科学や哲学的思索を生んだのであろう。また、自然とはちがう美を生みだそうとして芸術が生まれたのであろう。そして「死」というものの存在を知ってしまったことから、信仰や宗教も生まれたのであろう。広く人間の文化といわれるものは、このように自然と対決して生きることの上に成り立ってきたのだと思われる。

そのようなことであれば、自然と対決して生きることは人間文化の根源であり、人間の存在の基盤であることになる。初歩的な農耕にはじまった農業もその一つであるといえる。もしそうならば、農業は人類の成立にとって欠くべからざるものであったと考えねばならない。しかしこの本では、ネアンデルタール人が滅びたのも、われわれホモ・サピエンスが農業をはじめたためであろうといっている。だとすると農業は他の人類を死に追いやったカインの罪を着せられることになる。「原罪」ということばはいささか宗教的な意味あいをもっており、農業は人類の原罪だという表現が妥当なものかどうかはわからないが、今、このような問題についてつきつめて考えることが不可欠になっているのはまちがいない。問題は農業だけにあるのではないからである。

あとがき

二〇〇一年暮れに出版された『春の数えかた』が、思いもかけず日本エッセイスト・クラブ賞をいただくことになって喜んでいる。

これでぼくもエッセイストの端くれになれたと思い、あちこちの書店をまわって、「エッセイ」というコーナーを探したが、『春の数えかた』は見当たらない。書店の人に聞いて調べてもらうと、たいていは「生物」とか「生物学」のコーナーに置かれていた。やっぱりぼくは生物学者なのだなあ、とあらためて思った次第である。けれど『春の数えかた』が版を重ねるにつれて置き場も変わり、「エッセイ」の棚に並べられるようになった。

今度のこの『人間はどこまで動物か』も、前著と同じく新潮社のPR誌『波』に〈猫《ねこ》の目草《めぐさ》〉と題して連載したものである。

毎号の『波』に載っている文学の香り高い諸作品と見比べると、やはり生物学の人間の書いたものだという感は否《いな》めないが、生物学とはいえ動物行動学などという分野を専攻しているので、少々異なる視点があると思う。

書名は『人間はどこまで動物か』となっているが、もちろんそればかりを論じた本ではない。よく人から訊《たず》ねられるさりげない質問に込められたかなり重要な問題に、ぼくなりの答を述べたエッセイ集である。

この本が前著同様、多くの人々に読んでもらえることを願っている。

今回も楽しくいきいきとした絵をたくさん描いて下さった大野八生《やよい》さん、ありがとう。また、もう何年にも亘《わた》るこの連載でいつもお世話になっている新潮社の水藤節子さんにも心からお礼を申しあげたい。

二〇〇四年春

日高敏隆

文庫版あとがき

『春の数えかた』につづいて、『波』への連載第二部をまとめて出版された『人間はどこまで動物か』も、文庫化されることになった。うれしいことである。

その上、あの池内紀さんが解説を書いて下さることになった。動物行動学をバックグラウンドにしているぼくにとって、こんなに光栄なことはない。池内さん、ほんとうにありがとうございました。

『春の数えかた』と同じように、この本にもじつにいろいろなエッセイが載っている。前作同様、いろいろにたのしんでいただければ、とたのしみにしている。

もとの連載をいつも励まして下さった水藤節子さんと、文庫化にあたってお世話になった三室洋子さん、ひきつづき文庫版のすてきな装画をして下さった大野八生さん、そして身に余る解説を書いて下さった池内紀さんに心からお礼を申し上げたい。

二〇〇六年秋

解説　日高センセイ

池内　紀

ひところ、タヌキの友人がいた。上州の山里の民宿に飼われていて、行くたびにおデコをつついたり、前肢《まえあし》で腹鼓《はらつづみ》を打たせたりした。

名前は「クロスケ」。民宿の主人が仔《こ》ダヌキをもらってきて餌《え》づけをした。箱から出しても逃げないし、飼い犬といっしょについてくる。タヌキの糞《ふん》は並外れて臭いものだが、しつけると前の畑ですませてくる。目のまわりがめだって黒いところから「クロスケ」の名がついた。なついたタヌキは可愛いもので、民宿の客の人気ものになった。

夕食のあと、庭でたき火をして、お酒を飲みながらおしゃべりをする。身近に実物がいると、ちょうどいい話題になる。「タヌキ寝入り」というが、ほんとうにタヌキはそんなうそ寝をするのか。タヌキはほんとうに腹鼓を打つのか。どうして「タヌキの金玉八畳敷」などというのか。幸いクロスケはオスなので、実地に検証するとしよう——。

飲み助のたあいないおしゃべりを、クロスケは庭の隅で丸くなって聞いていた。寝ているようだったが、もしかするとタヌキ寝入りだったかもしれない。いいぐあいにウトウトしているところを突如もち上げられて、股間を懐中電燈で照らされたりした。

私は山歩きをするので、多少ともタヌキのことはこころえていた。タヌキは春に五、六匹の仔を産む。仔ができるとオスが世話をする。その際、オスは急激に痩《や》せ細る。反対にメスは肥《ふと》ってくる。動くとき必ず夫婦づれで仲がいい。そういった生態が、ヨーロッパの若夫婦を思わせた。痩せっぽちの父親が子供の世話をやき、母親がどんどん肥っていくところなどもそっくり。

つまりその程度の「友人」だったが、翌年の夏に出向くと、もういなかった。春先にプイと出ていったきり、もどってこない。

「イロけづいちょったで」

民宿の主人はそんなふうに言った。春はタヌキの恋の季節であって、一匹のメスをめぐり、オス同士が争ったりする。クロスケもメスを追いかけるか、見つけるかしたのだろう。そうなると、もう二度と人間のもとへはもどらない。

日高センセイの『人間はどこまで動物か』には、「タヌキという動物」の章がある。

「タヌキは夫婦で子どもを育てる、哺乳類《ほにゅうるい》には珍しい動物である」

以下、出産から子育てのことがくわしく述べてある。なぜオスが急激に痩せ、メスがどんどん肥ってくるのか、はじめてわかった。ヨーロッパの若夫婦流儀などとは、とんだタワごと。厳しく切実な理由があって、タヌキが選びとった生き方にほかならない。

タヌキの「溜《た》め糞」について、民宿では「腹いせ」説がもっぱらだった。裏手に大きなカキの木があって、タヌキの大好物だった。タヌキは木に登れるのか？　幹のコブを足場にトコトコ登っていく。タヌキの足跡は梅の花に似ているといわれるとおり、ツメもろくにない。それでも木のぼりをする。道路拡張のあおりでカキの木が切り倒された。そのあと、大きな溜め糞がひってあった。好物を奪われた腹いせにタヌキがやらかしたと主人は見立てていた。

これもまちがい。日高センセイが手伝いをして実験をくり返したところでは、溜め糞はタヌキたちの「情報交換の場」であって、それでもって自分たちのいる地域の状況を把握する。腹いせなどの安っぽいしわざは人間のしでかすこと。

日高センセイは動物行動学で知られた人だが、タヌキはたぶん自分の領域外なのだろう。だからここでは、山本伊津子さんという研究者からおそわったこととして述べてあって、センセイは溜め糞実験の助手格として出てくる。

なんでもないことのようだが、これはとても難しい書き方なのだ。「山本さん」は日高教室とかかわりのある人だろうから、そこの教授ともなると、たいてい何ごともひとり占めにして発表する。私自身、以前に先生といわれる立場にあったので、身にしみてよくわかるのだが、若い人の成果を何くわぬ顔をしていただいてしまう誘惑にかられるものだ。たとえ自分は溜め糞実験の手伝いでも、世間に示すときは助手を指揮したふうになっている。

人間はどこまでも、それもわりとタチの悪い動物なのだ。『人間はどこまで動物か』を読んでいくと、そのこともおのずとわかってくる。優れた書き物がつねにそなえている人間認識の特性である。

一九六〇年代初めのことだが、ドイツ人動物学者の著書が学界に衝撃を与えた。まるきり未知の哺乳類が地上に存在していたという。動物学者日高敏隆は私には、まずこの著書の訳者としてあらわれた。一九六三年の秋のこと、まずフランス語訳で知ったという。書店のカタログをながめていて、タイトルに仰天した。その驚きは、訳書につけられた「訳者あとがき」の一行からも見てとれる。

「今ごろになって、哺乳類の新しい目《もく》が発見されるとは！」

さっそく注文したところ、待てど暮らせど本が届かない。翌年、フランスへ留学することとなり、パリに着くやいなや入手して翻訳を決意。ドイツ語原本をもとに共訳者と仕上げたが、原稿を再検討する段階で「日高の怠慢により」、出版が大幅に遅れてしまった。

ただその間に原著の増補版が出て、新種を補足することができたから、怠けていたのがかえってよかったわけだ。ついては「日高が（今度は迅速に）見直した」ので、無事訳本が陽《ひ》の目をみた。くわしくいうと、つぎのとおり。

ハイアイアイ（マイルーヴィリ）ダーウィン研究所博物館教授ハラルト・シュテュンプケ『鼻行類――新しく発見された哺乳類の構造と生活』日高敏隆・羽田節子訳・思索社・一九八七年。

「鼻行類」とあるとおり、鼻で歩く生物であって、哺乳類のなかでも独特の位置を占めている。なぜそれがこれまで未知のままにとどまっていたのか？　序論と総論にひきつづき、学名つきの単鼻類、多鼻類の分類にはじまり、さらにこまかく古鼻類、軟鼻類、硬鼻類、漫歩類、地鼻類等々が紹介される。新しい生物の訳名は慎重の上にも慎重を期さなくてはならず、訳者日高が怠慢と自任するほど時間を要したのも当然だったといえなくもない——。

鼻のいい人はすでに嗅《か》ぎとっていられるだろうが、『鼻行類』は学問を装った冗談である。棲息していた島が、アメリカの核実験で沈んでしまって、学友の遺稿だけが残されたというのだが、ハイデルベルク大学の動物学教授がハラルト・シュテュンプケなる研究者をでっち上げ、亡き友の遺稿論文というスタイルで、なんとも楽しい新哺乳類をひねり出した。

私は原著者以上に訳者のエスプリに舌を巻いた。新哺乳類への驚きを語る一行にはじまり、翻訳の経過と公刊までいっさい——ほんのちょっとサインは送ってあるが——何くわぬ顔で通してある。こういうシャレた先生がわが国の大学にいるとは夢にも思わなかった。

以来、日高教授は私には「日高センセイ」になった。教室でおそわったことはないが、自分の先生である。なれなれしく先生というのはおこがましいので、カタカナの「センセイ」にしている。こちらのほうが尊敬と親しみがずっと深いのだ。

ついでながらドイツ文学者として『鼻行類』につけたしをしておくと、しかつめらしい参考文献に、こんな一つがまじっている。

MORGENSTERN, CHR.（1905）絞首台の歌　B・カッシーラー社（ベルリン）

詩人クリスティアン・モルゲンシュテルンはノンセンス詩をたくさんつくった人で、その一つは「鼻で立って、ゆったりと歩くナベゾーム」を歌っている。この生物はまだ動物学では知られていなくて、「私の竪琴から／はじめてこの世に現れた」というのだが、ハイデルベルクの動物学者はこれをヒントに、学問的竪琴をかき鳴らし、冗談のわかる同僚たちをたのしませた。

あながち冗談だけでもなかっただろう。核実験というバカげたことにうつつを抜かす政治家たち、目の色かえて「鼻力」を競い合って鼻高々の連中を、もののみごとに笑いとばした。日高センセイは何度も笑いがとまらず、ペンを投げ出しながら訳をすすめたにちがいない。

ギフチョウ、ショウジョウバエ、セミ、チョウ、ツチハンミョウ……。とりわけツチハンミョウには誰だって目を丸くする。とてつもない半生であって、ほとんど偶然にたよりっぱなし。にもかかわらずちゃんと生きていて、日高センセイの家の戸口にくっついていた。

タヌキの章にみたとおりであって、語られている虫たちや動物に共通して一つの特性が見てとれるだろう。生きるにあたってそなえている知恵であって、それを生きていくため、また子孫を残すため存分に発揮する。つねづね無私のやさしさをみせる一方で、本能が命じるところでは情無用の行動をとる。動物学者日高敏隆は彼らの矜持《きょうじ》を尊び、語るにあたっては敬虔《けいけん》さというべき姿勢をつらぬいている。

虫や動物が何らかの行動をとるとき、何のためにそのようにするのか、どのような仕組みで行動しているのか。その際、虫や動物たちがまわりの世界をどのように認識しているのか、シロウトの私たちにも気になってならない。

動物の行動や感覚にわたる最新の成果、あるいは古い学説だが最近ようやく認められてきたといった説を引用しながら、著者は楽しげに語っていく。虫や動物をダシにして、お説教したり、訓戒をたれたりしない。日高センセイは宗教家でも道徳家でもない。自分の関心とするところを丁寧に語っていく。

動物の行動にまつわる話にまじり、べつのことがまじってくる。若い日のこと、ちょっとした思い出、目下進行中のあれこれに対する自分の考え。

「ぼくの素朴な疑問は、そんなことでうまくいくだろうか？　いや、うまくいくとか何とかでなく、そもそもそんなことがありうるのだろうかということである」

人間社会では机上のプランづくりで一切が「うまくいく」はずだが、動物の行動をじっと見てきた科学者には、「そんなことがありうる」などと信じられない。人間もまた動物であって、それもあまり英知をそなえていない凶猛な生き物らしいのだ。人間がすべての基準であって、それにいささかも疑問をいだかない社会に、センセイは疑問を投げかける。小声で異議を申し立てる。小声であるだけ、なおのことはっきりと聞こえる。そんなふうに語ってある。どこまでもエスプリあふれた、したたかな日高センセイなのである。

（平成十八年十月、ドイツ文学者・エッセイスト）

この作品は平成十六年五月新潮社より刊行された。

人間《にんげん》はどこまで動物《どうぶつ》か

新潮文庫　ひ－21－2

平成十八年十二月一日発行

著者　日《ひ》高《だか》敏《とし》隆《たか》

発行者　佐藤隆信

発行所　株式会社 新潮社

郵便番号　一六二―八七一一
東京都新宿区矢来町七一
電話　編集部(〇三)三二六六―五四四〇
　　　読者係(〇三)三二六六―五一一一
http://www.shinchosha.co.jp

価格はカバーに表示してあります。

乱丁・落丁本は、ご面倒ですが小社読者係宛ご送付ください。送料小社負担にてお取替えいたします。

印刷・大日本印刷株式会社　製本・憲専堂製本株式会社

ISBN4-10-116472-X C0195